U0650988

中华人民共和国气候变化
第三次国家信息通报

生态环境部应对气候变化司 编

中国环境出版集团 · 北京

图书在版编目（CIP）数据

中华人民共和国气候变化第三次国家信息通报 ／ 生态环境部应对气候变化司编. -- 北京 ：中国环境出版集团，2023.12
ISBN 978-7-5111-5038-7

Ⅰ．①中… Ⅱ．①生… Ⅲ.①气候变化－研究报告－中国 Ⅳ.①P468.2

中国版本图书馆CIP数据核字（2022）第021134号

审图号：GS京（2023）2394号

出 版 人　武德凯
责任编辑　韩　睿
责任校对　任　丽
封面设计　王春声

出版发行　**中国环境出版集团**
　　　　　（100062　北京市东城区广渠门内大街 16 号）
　　　　　网　　址：http://www.cesp.com.cn
　　　　　电子邮箱：bjgl@cesp.com.cn
　　　　　联系电话：010-67112765（编辑管理部）
　　　　　发行热线：010-67125803，010-67113405（传真）
印　　刷　北京中科印刷有限公司
经　　销　各地新华书店
版　　次　2023 年 12 月第 1 版
印　　次　2023 年 12 月第 1 次印刷
开　　本　880×1230　1/16
印　　张　16.5
字　　数　300 千字
定　　价　99.00 元

【版权所有。未经许可，请勿翻印、转载，违者必究。】

如有缺页、破损、倒装等印装质量问题，请寄回本集团更换

中国环境出版集团郑重承诺：
中国环境出版集团合作的印刷单位、材料单位均具有中国环境标志产品认证。

序　言

　　全球气候变化深刻影响着人类生存和发展，是各国共同面临的重大挑战。《联合国气候变化框架公约》（以下简称《公约》）第4条及第12条规定，每一个缔约方都有义务提交本国的国家信息通报。中华人民共和国（以下简称中国）作为《公约》非附件一缔约方，高度重视自己所承担的国际义务，已分别于2004年和2012年提交了《中华人民共和国气候变化初始国家信息通报》（以下简称初始国家信息通报）、《中华人民共和国气候变化第二次国家信息通报》（以下简称第二次国家信息通报），全面阐述了中国应对气候变化的各项政策与行动，并报告了中国1994年和2005年国家温室气体清单。

　　在2015年获得全球环境基金赠款后，中国政府组织国内有关部门和科研机构，根据《公约》第八次缔约方大会通过的有关非附件一缔约方国家信息通报编制指南，于2015年3月启动了第三次国家信息通报的编写工作。经过三年多的努力，完成了《中华人民共和国气候变化第三次国家信息通报》。2018年按照中国国务院机构改革方案，应对气候变化职能由国家发展改革委划转至新组建的生态环境部。报告在广泛征求意见的基础上，经过多次反复修改，经由国务院授权后，由中国应对气候变化主管部门生态环境部提交。

　　经中国政府批准的《中华人民共和国气候变化第三次国家信息通报》，分为国情及机构安排，国家温室气体清单，气候变化的影响与适应，减缓气候变化的政策与行动、资金、技术和能力建设需求，实现《公约》目标的其他相关信息，香港特别行政区应对气候变化基本信息，澳门特别行政区应对气候变化基本信息等篇章，全面反映了中国与气候变化相关的国情。根据《公约》的有关决定，考虑到中国的实际情况和第二次国家信息通报截至年份，本报告给出的国家温室气体清单为2010年数据，其他章节有关现状的描述一般截至2015年。根据中国《香港特别行政区基本法》和《澳门特别行政区基本法》的有关原则，本报告中香港特别行政区和澳门特别行政区基本信息分别由香港特别行政区政府环境保护署、澳门特别行政区地球物理暨气象局提供。

应对气候变化是人类共同的事业。中国将从基本国情和发展阶段的特征出发，大力推进生态文明建设，实施积极应对气候变化国家战略，把应对气候变化有机融入国家经济社会发展中长期规划，坚持减缓和适应气候变化并重，通过法律、行政、技术、市场等多种手段，加快推进绿色低碳发展，主动控制温室气体排放，增强适应气候变化能力。中国政府也将一如既往地信守应对全球气候变化的承诺，坚持共同但有区别的责任原则、公平原则和各自能力原则，全面落实国家适当减缓行动及强化应对气候变化行动的国家自主贡献，积极参与应对全球气候变化谈判，推动和引导建立公平合理、合作共赢的全球气候治理体系，深化气候变化多双边对话交流与务实合作，支持其他发展中国家加强应对气候变化能力建设，推动构建人类命运共同体。

目　录

第一部分 国情及机构安排

中国人口众多，幅员辽阔，气候条件复杂，生态环境脆弱，是最易受气候变化不利影响的国家之一。中国政府坚持贯彻"创新、协调、绿色、开放、共享"的发展理念，统筹推进经济建设、政治建设、文化建设、社会建设和生态文明建设，全力推进全面建成小康社会进程。作为负责任的发展中国家，中国政府也高度重视全球气候变化问题，建立起了国家、地方及有关部门层面的应对气候变化组织机构，并建立了比较稳定的技术支撑机构和核心专家队伍，为编制和提交国家信息通报和两年更新报告提供了重要保障。

第一章　自然条件与资源

中国地处亚洲东部、太平洋西岸，陆地面积约 960 万千米^2，东部和南部大陆海岸线长 1.8 万多千米，管辖海域面积约 300 万千米^2，共有海岛 1.1 万余个。中国同 14 国陆地接壤，与 8 国海上相邻。省级行政区划包括 23 个省（包括台湾）、5 个自治区、4 个直辖市、2 个特别行政区（图 1-1）。

一、自然条件

（一）地形地貌

中国地形多种多样，高原、丘陵、山地、盆地和平原五种基本地形均有分布，其中，高原、丘陵和山地约占陆地面积的 67%，盆地和平原约占陆地面积的 33%。地势西高东低，大致呈阶梯状分布。最高一级为平均海拔 4 000～5 000 米的青藏高原。从青藏高原向北和向东，云贵高原、黄土高原、内蒙古高原等与四川盆地、塔里木盆地、准噶尔盆地等相间分布，平均海拔降到 1 000～2 000 米，构成第二级阶梯。大兴安岭、太行山、巫山、雪峰山一线以东直至海滨，辽东丘陵、山东丘陵、浙闽丘陵、两广丘陵和东北平原、华北平原、长江中下游平原及珠江三角洲平原等交错分布，海拔多在 500～1 000 米，构成第三级阶梯。在中国陆地东部分布着内海渤海和边缘海黄海、东海、南海，海水深度自北向南逐级增加。漫长的海岸线外有宽广的大陆架（图 1-2）。

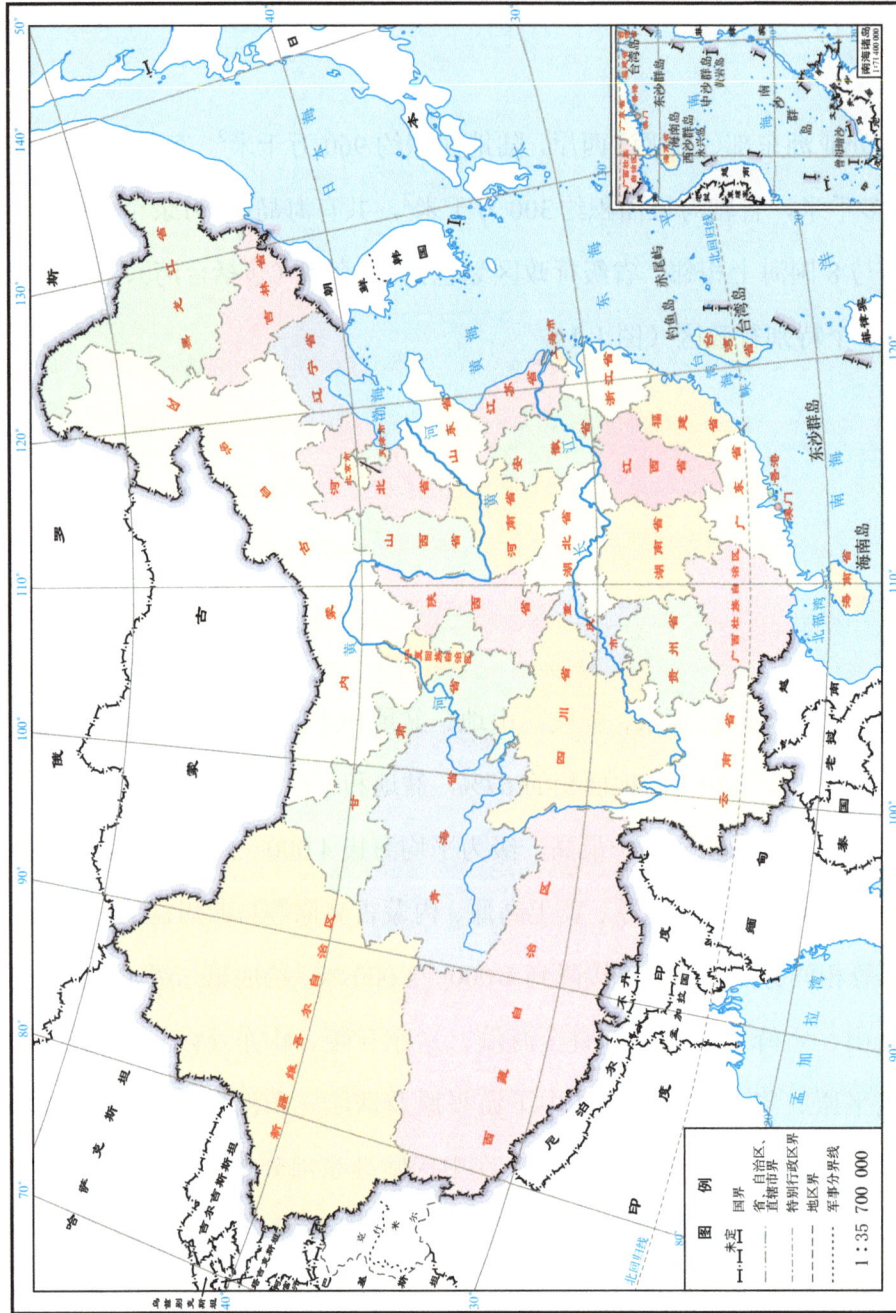

图 1-1 中国行政区划图

图 1-2　中国地势图

（二）气候与气候灾害

中国气候复杂多样，东部属季风气候，西北部属温带大陆性气候，青藏高原属高寒气候。中国的气候具有夏季高温多雨、冬季寒冷少雨、高温期与多雨期一致的气候特征。2016 年，中国年降水资源总量为 68 888 亿米³，属异常丰水年份，平均降水量达 730 毫米，较常年偏多。2016 年中国平均气温 10.36℃，较常年偏高 0.81℃，夏季平均气温创历史新高，高温日数多，影响范围广，出现了 4 次区域性高温天气过程，多地日最高气温突破历史极值。

中国灾害性天气多发、频发，其中旱灾、洪灾、寒潮、台风等是对中国影响较大的主要灾害性天气。北方以旱灾居多，南方则旱涝灾害均有发生。夏秋季节，中国东南沿海经常会受到热带风暴侵袭，以 6—9 月最为频繁。秋冬季节，来自蒙古、西伯利亚的冷空气南下常常会引发寒潮，造成低温、大风、沙暴、霜冻等灾害。受全球气候变暖影响，2016 年暴雨洪涝、台风、强对流等气象灾害均呈多发、频发态势。26 个省（区、市）均出现不同程度的城市内涝，台风登陆次数多且平均强度较大，有 2 000多个县（市）出现冰雹或龙卷风天气。

二、自然资源

（一）土地资源

中国土地资源类型复杂多样，耕地、林地、草地、荒漠、滩涂等均有大面积分布，但人均耕地占有量较少。东北平原、华北平原、长江中下游平原、珠江三角洲平原和四川盆地是耕地分布最为集中的地区，草原多分布在北部和西部地区，森林主要集中分布在东北、西南和华南地区。

截至 2016 年年末，中国有耕地 1.35 亿公顷（人均耕地面积为 0.098 公顷），园地1 430 万公顷，林地 2.53 亿公顷，牧草地 2.19 亿公顷，建设用地 3 910 万公顷。

（二）水资源

中国是世界上河流湖泊最多的国家之一，其中流域面积超过 1 000 千米^{2}的河流有 1 500 多条，面积在 1 千米^{2}以上的天然湖泊有 2 800 多个。中国水资源时空分布不均衡，在时间分布上具有夏秋多、冬春少和年际变化大的特点，在空间分布上表现为东多西少、南多北少的特点。中国人均水资源量仅为世界平均水平的 1/4。2016 年，中国水资源总量为 32 466.4 亿米^3，其中，地表水资源量为 31 273.9 亿米^3，地下水资源量为 8 854.8 亿米^3（地下水与地表水资源重复量为 7 662.3 亿米^3）；人均水资源量为 2 347.5 米^3；供水总量为 6 040.2 亿米^3，占当年水资源总量的 18.6%。中国开展海水利用较多的省份有广东、浙江、福建、辽宁、山东和江苏，2016 年海水直接利用量为 887.1 亿米^3，主要作为火（核）电厂的冷却用水。

中国水能资源蕴藏量居世界第一位。江河水力资源技术可开发量主要集中在长江流域、雅鲁藏布江流域和黄河流域，地处西南地区的四川、云南和西藏是水力资源丰富的省份。

（三）森林草原资源

依据第八次森林资源清查结果，2009—2013 年，中国森林面积为 2.08 亿公顷；人工林面积为 6 933.38 万公顷；森林覆盖率为 21.63%；活立木总蓄积量为 164.33 亿米^3，其中森林蓄积量为 151.37 亿米^3，占活立木总蓄积量的 92.11%。2016 年，中国森林面积为 2.14 亿公顷，森林覆盖率为 22.3%，森林蓄积量为 163.72 亿米^3。

2016 年，中国草原面积近 4 亿公顷，全国天然草原鲜草总产量为 10.39 亿吨，草原综合植被盖度达 54.6%；草原禁牧休牧面积为 0.8 亿公顷，草畜平衡面积为 1.7 亿公顷，退牧还草工程围栏建设 228 万公顷，草原补播改良 17 万公顷，人工饲草地 7 万公顷。

（四）海洋资源

中国海洋资源丰富。2016 年，海洋生产总值为 70 507 亿元，占国内生产总值的 9.5%，其中海洋产业增加值为 43 283 亿元，海洋相关产业增加值为 27 224 亿元。从区域上看，环渤海地区、长江三角洲地区和珠江三角洲地区的海洋生产总值分别为 24 323 亿元、19 912 亿元和 15 895 亿元，占全国海洋生产总值比重分别为 34.5%、28.2% 和 22.5%。2016 年涉海就业人员 3 622.5 万人。

中国海洋生态环境状况基本稳定。2016 年春季和夏季，大多数管辖海域符合第一类海水水质标准。中国已建立各级海洋自然和特别保护区（海洋公园）250 余处，总面积约 12.4 万千米²，新批准建立国家级海洋公园 16 个。2016 年，中国海平面较常年高 82 毫米，为 1980 年以来的最高位，海洋资源和海洋生态系统所受到的风险上升。

（五）生物多样性

2016 年，中国具有地球陆地生态系统的各种类型，其中森林类型 212 类、竹林 36 类、灌丛 113 类、草甸 77 类、荒漠 52 类。淡水生态系统复杂，全国湿地包括近海与海岸湿地（滨海湿地）、河流湿地、湖泊湿地、沼泽湿地、人工湿地 5 类 34 型。近海海域有黄海、东海、南海和黑潮流域 4 个海洋生态系统，分布有滨海湿地、红树林、珊瑚礁、河口、海湾、潟湖、海岛、上升流、海草床等类型，以及海底古森林、海蚀与海积地貌等自然景观和自然遗迹。还有农田生态系统、人工林生态系统、人工湿地生态系统、人工草地生态系统和城市生态系统等人工生态系统。

在物种多样性方面，2014 年中国拥有高等植物 34 792 种，其中苔藓植物 2 572 种、蕨类 2 273 种、裸子植物 244 种、被子植物 29 703 种。中国约有脊椎动物 7 516 种，其中，哺乳类 562 种、鸟类 1 269 种、爬行类 403 种、两栖类 346 种、鱼类 4 936 种。列入国家重点保护野生动物名录的珍稀濒危野生动物共 420 种，其中大熊猫、朱鹮、金丝猴、华南虎、扬子鳄等数百种动物为中国所特有。在遗传资源多样性方面，有栽培作物 528 类 1 339 个栽培种，经济树种达 1 000 种以上，中国原产的观赏植物种类达 7 000 种，家养动物 576 个品种。

截至 2016 年年底，中国共建立各种类型和不同级别的自然保护区 2 750 个，总面积为 14 733 万公顷；中国自然保护区陆地面积约 14 288 万公顷，占全国陆地面积的 14.88%；中国国家级自然保护区 446 个，面积约 9 695 万公顷。

第二章　社会与经济发展

进入 21 世纪以来，中国社会经济发展发生了巨大变化。经济规模持续扩大并于 2010 年成为世界第二大经济体，于 2013 年跃居世界第一大货物贸易国，2012 年后由高速增长阶段逐渐转向高质量发展阶段；在促进就业、消除贫困、改善民生、保护环境等领域成效显著。

一、社会发展

（一）人口

2016 年年底，中国内地总人口为 13.83 亿人，占世界人口总数的 18.58%。东部地区人口密度较大，以全国 10.30% 的国土面积容纳了全国 41.54% 的人口；西部地区人口密度较小，以全国 73.51% 的国土面积容纳了全国 27.11% 的人口。

20 世纪 70 年代以来，中国政府开始实施计划生育政策，有效地控制了人口增长的势头，人口自然增长率由 1970 年的 25.83‰ 下降到 2015 年的 4.96‰，显著低于同期全球平均水平 11.86‰。为预防与应对中国人口老龄化问题，中国政府自 2013 年开始实行单独二孩政策，2015 年开始实施全面二孩政策。2016 年中国人口自然增长率略有回升，为 5.86‰（图 1-3）。

图 1-3　1980—2016 年中国人口总量与自然增长率变化

随着人民生活水平和教育卫生医疗条件的改善，2016 年中国人均预期寿命为 76.5 岁，中国人口平均预期寿命高于世界平均水平（表 1-1）。老年人口比重逐步增加，2016 年中国 65 岁及以上人口占总人口的比重为 10.85%。中国城镇化率正在逐步提高，2016 年中国的城镇化水平已经提高到 57.35%，比 2005 年提高了 14.35 个百分点，且高于世界 54.30% 的平均水平。

表 1-1　2016 年中国与世界人口指标对比

人口指标	中国	世界
人口自然增长率/‰	5.86	11.24
人口出生率/‰	12.95	18.89
人口死亡率/‰	7.09	7.65
人均预期寿命/岁	76.5	71.9

数据来源：《2018 中国卫生健康统计年鉴》《中国统计年鉴 2018》；世界银行统计数据库。

（二）教育卫生

2016 年，中国在校研究生 198.1 万人，普通本科、专科在校生 2 695.8 万人，中等职业教育在校生 1 599.1 万人，普通高中在校生 2 366.6 万人，初中在校生 4 329.4 万人，普通小学在校生 9 913.0 万人。平均每十万人中，在校大学生 2 530 人，高中生 2 887 人，初中生 3 150 人，小学生 7 211 人。特殊教育在校生 49.2 万人，学前教育在园幼儿 4 413.9 万人。九年义务教育巩固率为 93.4%，高中阶段毛入学率[①]为 87.5%。

截至 2016 年年末，中国共有医疗卫生机构 98.3 万家，执业医师和执业助理医师 319 万人，注册护士 351 万人，医疗卫生机构床位 741 万张。全年总诊疗人次 79.3 亿人次，出院人数 2.3 亿人。

（三）就业

2016 年，中国就业人员总数为 77 603 万人。第一产业、第二产业和第三产业就

---

① 毛入学率指某学年度某级教育在校生数占相应学龄人口总数比例。

业人数分别为 21 496 万人、22 350 万人和 33 757 万人，占就业人口总量的比重分别为 27.70%、28.80%和 43.50%。城镇就业人员为 41 428 万人，乡村就业人员为 36 175 万人，城乡从业人员比为 53.38∶46.62（表 1-2）。

表 1-2　2005—2016 年中国就业人员结构变化　　单位：%

就业结构	2005 年	2010 年	2016 年
第一产业就业人员	44.80	36.70	27.70
第二产业就业人员	23.80	28.70	28.80
第三产业就业人员	31.40	34.60	43.50

数据来源：《中国统计年鉴 2018》。

2005 年以来，中国每年出生人口约 1 700 万人，年均净增人口约 700 万人。平均每年有 1 000 万以上的新增城镇劳动力，800 万～900 万的农村转移劳动力。

（四）消除贫困

自 1986 年起，中国政府采取了一系列加强扶贫工作的重大措施，先后组织实施了《国家八七扶贫攻坚计划》《中国农村扶贫开发纲要（2001—2010 年）》等中长期计划。2015 年 11 月，中国政府发布了《中共中央　国务院关于打赢脱贫攻坚战的决定》，强调实施精准扶贫方略，加快贫困人口精准脱贫。2010—2016 年，按照中国政府确定的贫困标准，农村绝对贫困人口数量从 1.66 亿人下降到 4 335 万人，下降了 73.9%。目前的贫困人口主要分布在资源匮乏或自然条件艰苦的地区，全面消除贫困仍面临困难。

（五）环境保护

2016 年中国 338 个地级及以上城市平均优良天数比例为 78.8%，比 2015 年上升 2.1 个百分点；平均超标天数比例为 21.2%。474 个市（区、县）开展了降水监测，酸雨城市比例为 19.8%，酸雨类型总体仍为硫酸型，酸雨污染主要分布在长江以南和云贵高原以东地区。

2016 年，中国废水排放总量为 711 亿吨，废水中化学需氧量排放量为 1 047 万吨。

城市污水处理厂日处理能力为 14 823 万米³，城市污水处理率为 92.4%。

2016 年，中国工业固体废物产生量为 30.92 亿吨，工业固体废物综合利用量为 18.41 亿吨，综合利用率为 59.54%。生活垃圾清运量为 2.04 亿吨，无害化处理厂 940 座，无害化日处理能力达到 62.14 万吨，卫生填埋日处理能力为35.01 万吨，焚烧日处理能力为 25.59 万吨，其他处理能力为 1.54 万吨。生活垃圾无害化处理率为 96.6%。

二、经济发展

（一）经济增长

2016 年，中国国内生产总值为 743 585.5 亿元，增长率为 6.7%，其中第一产业增加值为 63 673 亿元，第二产业增加值为 296 548 亿元，第三产业增加值为 383 365 亿元；人均国内生产总值为 53 935 元。三大产业结构持续优化，从 2005 年的 11.6∶47.0∶41.3 优化为 2016 年的 8.6∶39.9∶51.6（表 1-3）。农业和工业在国民经济中的比重持续降低，服务业在国民经济中的比重持续上升，2005—2016 年增加了 10.3 个百分点。2013 年中国第三产业增加值首次超过第二产业增加值；"大众创业、万众创新"成为中国经济增长的新活力，"互联网+电子商务"等新业态与新模式成为中国经济发展的新引擎，2016 年企业电子商务销售额为 10.73 万亿元，网上零售额达 5.15 万亿元。

表 1-3   2005—2016 年中国国内生产总值及产业结构

行业	2005 年	2010 年	2016 年
国内生产总值/亿元	187 318.9	413 030.3	743 585.5
第一产业/亿元	21 807	39 363	63 673
第二产业/亿元	88 084	191 630	296 548
第三产业/亿元	77 428	182 038	383 365
产业结构/%	11.6∶47.0∶41.3	9.5∶46.4∶44.1	8.6∶39.9∶51.6
人均国内生产总值/元	14 368	30 876	53 935

数据来源：《中国统计年鉴 2018》。

（二）产业发展

1. 农、林、牧、渔业

2016 年，中国农、林、牧、渔业总产值为 106 479 亿元，其中，农、林、牧、渔业的比重分别为 52.3%、4.4%、28.6% 和 10.2%。农作物总播种面积为 16 693.9 万公顷，其中粮食种植面积 11 923.0 万公顷，占 71.4%。小麦种植面积 2 469.4 万公顷，稻谷种植面积 3 074.6 万公顷，玉米种植面积 4 417.8 万公顷，棉花种植面积 319.8 万公顷，油料种植面积 1 319.1 万公顷，糖料种植面积 155.5 万公顷。2016 年粮食产量为 66 043.5 万吨，其中稻谷产量 21 109.4 万吨，小麦产量 13 327.1 万吨，玉米产量 26 361.3 万吨，棉花产量 534.0 万吨，油料产量 3 400.0 万吨，糖料产量 11 176.0 万吨，茶叶产量 231.3 万吨。全年肉类总产量 8 628.3 万吨，水产品产量 6 379.5 万吨，木材产量 7 775.9 万米[3]。

2016 年，中国农业机械总动力为 97 245.6 万千瓦，其中农用拖拉机 2 317.0 万台，农用排灌柴油机 940.8 万台。化肥施用量为 5 984.1 万吨，其中氮肥 2 310.5 万吨，占化肥施用量的 38.6%。

2. 工业与建筑业

2016 年，中国工业增加值为 247 878 亿元，占国内生产总值的 33.3%，比 2005 年降低 8.3 个百分点。中国通过一系列政策的实施，积极推动产业结构调整，工业结构转型升级取得明显进展。规模以上工业中，战略性新兴产业增加值增长 10.5%，高技术制造业增加值增长 10.8%，占规模以上工业增加值的比重为 12.4%，装备制造业增加值增长 9.5%，占规模以上工业增加值的比重为 32.9%，六大高耗能行业增加值增长 5.2%，占规模以上工业增加值的比重为 28.1%。

2016 年，中国发电装机容量为 165 051 万千瓦，其中火电装机容量为 106 094 万千瓦，水电装机容量为 33 207 万千瓦，核电装机容量为 3 364 万千瓦，并网风电装机容量为 14 747 万千瓦，并网太阳能发电装机容量为 7 631 万千瓦。

2016 年，中国全社会建筑业增加值为 49 703 亿元。全国具有资质等级的总承包和专业承包建筑业企业实现利润 6 986 亿元。

3. 第三产业发展

批发和零售业，金融业，房地产业，交通运输、仓储和邮政业等行业是第三产业中主要的产业部门。2016 年，中国交通运输、仓储和邮政业占第三产业的比重相比2005 年明显降低，金融业在第三产业中的比重有显著提升（表 1-4）。

表 1-4   2005—2016 年中国第三产业结构构成   单位：%

产业部门	2005 年	2010 年	2016 年
批发和零售业	18.0	19.7	18.6
交通运输、仓储和邮政业	13.8	10.3	8.6
住宿和餐饮业	5.4	4.2	3.5
金融业	9.6	14.1	15.9
房地产业	11.0	12.9	12.6
其他行业	41.0	37.6	39.9

数据来源：《中国统计年鉴 2018》。

2016 年，中国社会消费品零售总额为 332 316 亿元，其中，城镇消费品零售额为285 814 亿元，乡村消费品零售额为 46 503 亿元。商品零售额为 296 518 亿元；餐饮收入额为 35 799 亿元；网上商品零售额为 41 944 亿元，占社会消费品零售总额的比重为 12.6%。

2016 年，中国全年社会融资规模增量为 17.8 万亿元，全部金融机构本外币各项存款余额为 155.5 万亿元，其中人民币各项存款余额为 150.6 万亿元。全部金融机构本外币各项贷款余额为 112.1 万亿元，其中人民币各项贷款余额为 106.6 万亿元。金融机构境内住户人民币消费贷款余额为 250 472 亿元。上市公司通过境内市场累计筹资23 342 亿元。发行公司信用类债券 8.22 万亿元。保险公司原保险保费收入 30 959 亿元。

中国已形成以公路、铁路、航空、水运为主体的综合运输网络。2005—2016 年，各种运输方式里程都有不同程度的增长（表 1-5），尤其是中国的高速铁路建设取得了举世瞩目的成绩。2016 年中国高速铁路营业里程 2.3 万千米，位居世界第一。2016 年中国客运量超过 190 亿人次，其中公路客运量为 154.3 亿人次，占客运总量的 81.2%。货运总量为 438.6 亿吨，其中公路运输占 76.2%，其次是水运和铁路，分别占 14.5% 和 7.6%，管道和民航运输的货运量比重不足 2%。货物运输周转量为 186 629 亿吨·千米，规模以上港口完成货物吞吐量为 118.89 亿吨，规模以上港口集装箱吞吐量为 21 798 万标准箱。

表 1-5　2005—2016 年中国交通线路里程　　　单位：万 km

项目	2005 年	2010 年	2016 年
铁路营业里程	7.5	9.1	12.4
其中：高速铁路	—	0.5	2.3
公路里程	334.5	400.8	469.6
其中：高速公路	4.1	7.4	13.1
内河航道里程	12.3	12.4	12.7
定期航班航线里程	199.9	276.5	634.8
管道输油（气）里程	4.4	7.9	11.3

数据来源：《中国统计年鉴 2006》《中国统计年鉴 2011》《中国统计年鉴 2018》。

（三）收入与消费

2016 年，中国居民人均可支配收入为 23 821 元，其中城镇居民人均可支配收入为 33 616 元，农村居民人均可支配收入为 12 363 元。居民人均消费支出 17 111 元，其中城镇居民人均消费支出为 23 079 元，农村居民人均消费支出为 10 130 元。居民消费支出中食品比重较高，恩格尔系数为 0.301，其中城镇为 0.293，农村为 0.322。随着居民生活水平的提高，耐用消费品，尤其是家用电脑、移动电话和家用汽车拥有量比 2005 年和 2010 年显著提高（表 1-6）。

表 1-6　2005—2016 年中国城镇居民家庭平均每百户年耐用消费品拥有量

项目	2005 年	2010 年	2016 年
电冰箱/台	90.7	96.6	96.4
彩色电视机/台	134.8	137.4	122.3
空调器/台	80.7	112.1	123.7
家用电脑/台	41.5	71.2	80.0
移动电话/部	137	188.9	231.4
家用汽车/辆	3.4	13.1	35.5

数据来源：《中国统计年鉴 2006》《中国统计年鉴 2011》《中国统计年鉴 2018》。

中国经济和社会发展的收入分配不平衡，东部沿海地区的收入明显高于中西部地区。2016 年东部沿海地区人均可支配收入为 30 654.7 元，东北地区为 22 351.5 元，中部地区为 20 006.2 元，西部地区为 18 406.8 元。

（四）对外贸易

2016 年，中国货物进出口总额为 243 386 亿元，其中出口 138 419 亿元，进口 104 967 亿元，顺差 33 452 亿元。中国与"一带一路"沿线国家进出口总额为 62 517 亿元。2016 年，中国服务进出口总额为 53 484 亿元，其中服务出口 18 193 亿元，进口 35 291 亿元，服务进出口逆差 17 098 亿元。欧盟、美国、东盟和中国香港是最主要的出口国家和地区，欧盟、东盟、韩国和日本是最主要的进口国家和地区（表 1-7）。

表 1-7　2016 年中国主要进出口国家（地区）及比重

国家和地区	出口额/亿元	占中国全部出口比重/%	进口额/亿元	占中国全部进口比重/%
欧盟	22 369	16.2	13 747	13.1
美国	25 415	18.4	8 887	8.5
东盟	16 894	12.2	12 978	12.4
中国香港	19 009	13.7	1 107	1.1
日本	8 529	6.2	9 626	9.2
韩国	6 185	4.5	10 496	10.0
中国台湾	2 665	1.9	9 203	8.8
印度	3 850	2.8	777	0.7
俄罗斯	2 466	1.8	2 128	2.0

数据来源：《中华人民共和国 2016 年国民经济和社会发展统计公报》。

2016 年，中国吸收外商直接投资（不含银行、证券、保险）新设立企业 27 900 家。实际使用外商直接投资金额为 8 132 亿元，其中"一带一路"沿线国家对华直接投资新设立企业 2 905 家，对华直接投资金额 454 亿元。中国对外直接投资 13 029 亿元（折合 1 961.5 亿美元），其中对"一带一路"沿线国家直接投资 153.4 亿美元。全年对外承包工程业务完成营业额为 10 589 亿元（折合 1 594 亿美元），其中对"一带一路"沿线国家完成营业额为 760 亿美元，占对外承包工程业务完成营业额比重为 47.7%。对外劳务合作派出各类劳务人员 49 万人。

第三章　国家发展战略与目标

　　"十三五"时期是中国全面建成小康社会的决胜阶段。中国政府按照国家发展战略的规划部署和目标要求，结合世界经济形势和国内发展特征的深刻变化，积极适应、把握和引领经济发展的新常态，全面推进"创新、协调、绿色、开放、共享"的发展理念，确保全面建成小康社会。

一、国家发展战略

　　经过改革开放的快速发展，在解决全国温饱问题、人民生活水平大幅提升和社会发展不断进步的基础上，中国政府进一步提出了到21世纪中叶的"三步走"战略目标，对国家发展做出了战略安排：

　　——从现在到2020年，是全面建成小康社会的决胜期。按照全面建成小康社会各项要求，紧扣中国社会主要矛盾变化，统筹推进经济建设、政治建设、文化建设、社会建设、生态文明建设，坚定实施科教兴国战略、人才强国战略、创新驱动发展战略、乡村振兴战略、区域协调发展战略、可持续发展战略、军民融合发展战略。

　　——2020—2035年，在全面建成小康社会的基础上，基本实现社会主义现代化。国家经济实力、科技实力大幅跃升，跻身创新型国家前列；人民平等参与、平等发展权利得到充分保障，法治国家、法治政府、法制社会基本建成，各方面制度更加完善，国家治理体系和治理能力现代化基本实现；社会文明程度达到新的高度，国家文化软实力显著增强；人民生活更加宽裕，中等收入群体比例明显提高，城乡区域发展差距和居民生活水平差距显著缩小，基本公共服务均等化基本实现，全体人民共同富裕迈出坚实步伐；现代社会治理格局基本形成，社会充满活力又和谐有序；生态环境根本好转，美丽中国目标基本实现。

　　——2035年—21世纪中叶，在基本实现现代化的基础上，把中国建设成富强民主文明和谐美丽的社会主义现代化强国。中国物质文明、政治文明、精神文明、社会文明、生态文明将全面提升，实现国家治理体系和治理能力现代化，全体人民共同富裕基本实现，人民享有更加幸福安康的生活。

二、经济社会发展目标

按照全面建成小康社会新的目标要求，"十三五"时期中国经济社会发展的主要目标（表1-8）是：

——经济保持中高速增长。在提高发展的平衡性、包容性、可持续性基础上，到2020年国内生产总值和城乡居民人均收入比2010年翻一番，主要经济指标平衡协调，发展质量和效益明显提高。产业迈向中高端水平，农业现代化进展明显，工业化和信息化融合发展水平进一步提高，先进制造业和战略性新兴产业加快发展，新产业新业态不断成长，服务业比重进一步提高。

——创新驱动发展成效显著。创新驱动发展战略深入实施，创业创新蓬勃发展，全要素生产率明显提高。科技与经济深度融合，创新要素配置更加高效，重点领域和关键环节核心技术取得重大突破，自主创新能力全面增强，迈进创新型国家和人才强国行列。

——发展协调性明显增强。消费对经济增长贡献继续加大，投资效率和企业效率明显上升。城镇化质量明显改善，户籍人口城镇化率加快提高。区域协调发展新格局基本形成，发展空间布局得到优化。对外开放深度和广度不断提高，全球配置资源能力进一步增强，进出口结构不断优化，国际收支基本平衡。

——人民生活水平和质量普遍提高。就业、教育、文化体育、社保、医疗、住房等公共服务体系更加健全，基本公共服务均等化水平稳步提高。教育现代化取得重要进展，劳动年龄人口受教育年限明显增加。就业比较充分，收入差距缩小，中等收入人口比重上升。中国现行标准下农村贫困人口实现脱贫，贫困县全部摘帽，解决区域性整体贫困。

——国民素质和社会文明程度显著提高。中国梦和社会主义核心价值观更加深入人心，爱国主义、集体主义、社会主义思想广泛弘扬，向上向善、诚信互助的社会风尚更加浓厚，国民思想道德素质、科学文化素质、健康素质明显提高，全社会法治意识不断增强。公共文化服务体系基本建成，文化产业成为国民经济支柱性产业。

——生态环境质量总体改善。生产方式和生活方式绿色、低碳水平上升。能源资源开发利用效率大幅提高，能源和水资源消耗、建设用地、碳排放总量得到有效控制，主要污染物排放总量大幅减少。主体功能区布局和生态安全屏障基本形成。

——各方面制度更加完善。国家治理体系和治理能力现代化取得重大进展，各领域基础性制度体系基本形成。人民民主制度更加健全，法治政府基本建成，司法公信力明显提高。人权得到切实保障，产权得到有效保护。开放型经济新体制基本形成。中国特色现代军事体系更加完善。党的建设制度化水平显著提高。

表 1-8 "十三五"时期经济社会发展主要指标

指标		2015 年	2020 年	年均增速[累计]	属性
经济发展					
（1）国内生产总值（GDP）/万亿元		67.7	＞92.7	＞6.5%	预期性
（2）全员劳动生产率/（万元/人）		8.7	＞12	＞6.6%	预期性
（3）城镇化率	常住人口城镇化率/%	56.1	60	[3.9]	预期性
	户籍人口城镇化率/%	39.9	45	[5.1]	
（4）服务业增加值比重/%		50.5	56	[5.5]	预期性
创新驱动					
（5）研究与试验发展经费投入强度/%		2.1	2.5	[0.4]	预期性
（6）每万人口发明专利拥有量/件		6.3	12	[5.7]	预期性
（7）科技进步贡献率/%		55.3	60	[4.7]	预期性
（8）互联网普及率	固定宽带家庭普及率/%	40	70	[30]	预期性
	移动宽带用户普及率/%	57	85	[28]	
民生福祉					
（9）居民人均可支配收入增长/%		—	—	＞6.5	预期性
（10）劳动年龄人口平均受教育年限/年		10.23	10.8	[0.57]	约束性
（11）城镇新增就业人数/万人		—	—	[＞5 000]	预期性

指标		2015 年	2020 年	年均增速 ［累计］	属性
（12）农村贫困人口脱贫/万人		—	—	［5 575］	约束性
（13）基本养老保险参保率/%		82	90	［8］	预期性
（14）城镇棚户区住房改造/万套		—	—	［2 000］	约束性
（15）人均预期寿命/岁		—	—	［1］	预期性
资源环境					
（16）耕地保有量/亿亩①		18.65	18.65	［0］	约束性
（17）新增建设用地规模/万亩		—	—	［<3 256］	约束性
（18）万元 GDP 用水量下降/%		—	—	［23］	约束性
（19）单位 GDP 能源消耗降低/%		—	—	［15］	约束性
（20）非化石能源占一次能源消费比重/%		12	15	［3］	约束性
（21）单位 GDP 二氧化碳排放降低/%		—	—	［18］	约束性
（22）森林发展	森林覆盖率/%	21.66	23.04	［1.38］	约束性
	森林蓄积量/亿 m³	151	165	［14］	
（23）空气质量	地级及以上城市空气质量优良天数比例/%	76.7	>80	—	约束性
	细颗粒物（PM2.5）未达标地级及以上城市浓度下降/%	—	—	［18］	约束性
（24）地表水质量	达到或好于 III 类水体比例/%	66	>70	—	约束性
	劣 V 类水体比例/%	9.7	<5	—	
（25）主要污染物排放总量减少/%	化学需氧量	—	—	［10］	约束性
	氨氮			［10］	
	二氧化硫			［15］	
	氮氧化物			［15］	

注：1. GDP、全员劳动生产率增速按可比价计算，绝对数按 2015 年不变价计算。

　　2. ［　］内为 5 年累计数。

　　3. PM2.5 未达标指年均值超过 35 微克/米³。

数据来源：《中华人民共和国国民经济和社会发展第十三个五年规划纲要》，其中标为"—"的指标原文未提供 2015 年和 2020 年的数值，而是以年均增速或 5 年累计数来表示该项指标的发展目标。

① 1 亩=1/15 公顷。

三、国家自主贡献目标与行动

根据《公约》缔约方会议有关决定的要求，2015 年 6 月，中国政府正式向《公约》秘书处提交了《强化应对气候变化行动——中国国家自主贡献》（以下简称《国家自主贡献》），提出了中国应对气候变化的强化行动和措施，作为中国为实现《公约》第二条所确定目标做出的、反映中国应对气候变化最大努力的国家自主贡献。

1．国家自主贡献目标

根据自身国情、发展阶段特点、可持续发展战略目标及《公约》基本精神和相关原则的要求，中国确定了到 2030 年的自主行动目标：2030 年前后二氧化碳排放达到峰值并争取尽早达峰；单位国内生产总值二氧化碳排放比 2005 年下降 60%～65%，非化石能源占一次能源消费比重达到 20%左右，森林蓄积量比 2005 年增加 45 亿米^{3}左右。中国还将继续主动适应气候变化，在农业、林业、水资源等重点领域和城市、沿海、生态脆弱地区形成有效抵御气候变化风险的机制和能力，逐步完善预测预警和防灾减灾体系。

2．减缓气候变化行动政策和措施

——实施积极应对气候变化的国家战略。加强应对气候变化的法治建设，将应对气候变化行动目标纳入国民经济和社会发展规划，研究制定长期低碳发展战略和路线图。

——完善应对气候变化区域战略。实施分类指导的应对气候变化区域政策，针对不同主体功能区确定差别化的减缓和适应气候变化目标、任务和实现途径。

——构建低碳能源体系。控制煤炭消费总量，提高煤炭集中高效发电比例，扩大天然气利用规模，在做好生态环境保护和移民安置的前提下积极推进水电开发，安全高效发展核电，大力发展风电，加快发展太阳能发电，积极发展地热能、生物质能和海洋能。加强放空天然气和油田伴生气回收利用。大力发展分布式能源，加强智能电网建设。

——形成节能低碳的产业体系。坚持走新型工业化道路，大力发展循环经济，优化产业结构。控制建筑和交通领域排放。坚持走新型城镇化道路，优化城镇体系和城市空间布局，将低碳发展理念贯穿城市规划、建设、管理全过程。

——努力增加碳汇。大力开展造林绿化，深入开展全民义务植树，继续实施天然林保护、退耕还林还草、石漠化综合治理，着力加强森林抚育经营，增加森林碳汇。

3. 全面提高适应气候变化能力

——提高水利、交通、能源等基础设施在气候变化条件下的安全运营能力。合理开发和优化配置水资源，实行最严格的水资源管理制度，全面建设节水型社会。加强中水、淡化海水、雨洪等非传统水源的开发利用。

——完善农田水利设施配套建设，大力发展节水灌溉农业，培育耐高温和耐旱作物品种。加强海洋灾害防护能力建设和海岸带综合管理，提高沿海地区抵御气候灾害能力。开展气候变化对生物多样性影响的跟踪监测与评估。加强林业基础设施建设。

——合理布局城市功能区，统筹安排基础设施建设，有效保障城市运行的生命线系统安全。研究制定气候变化影响人群健康应急预案，提升公共卫生领域适应气候变化的服务水平。加强气候变化综合评估和风险管理，完善国家气候变化监测预警信息发布体系。在生产力布局、基础设施、重大项目规划设计和建设中，充分考虑气候变化因素。健全极端天气气候事件应急响应机制。加强防灾减灾应急管理体系建设。

4. 进一步强化应对气候变化的体制机制建设

——倡导低碳生活方式。加强低碳生活和低碳消费全民教育，倡导绿色低碳、健康文明的生活方式和消费模式，推动全社会形成低碳消费理念。发挥公共机构率先垂范作用。

——创新低碳发展模式。深化低碳省区、低碳城市试点，开展低碳城（镇）试点和低碳产业园区、低碳社区、低碳商业、低碳交通试点，探索各具特色的低碳发展模式。

——强化科技支撑。提高应对气候变化基础科学研究水平，开展气候变化监测预测研究。加大资金和政策支持。进一步加大财政资金投入力度，积极创新财政资金使用方式，探索政府和社会资本合作等低碳投融资新机制。

——推进碳排放权交易市场建设。充分发挥市场在资源配置中的决定性作用，在碳排放权交易试点的基础上，稳步推进全国碳排放权交易体系建设，逐步建立碳排放权交易制度。研究建立碳排放报告核查核证制度，完善碳排放权交易规则，维护碳排放交易市场的公开、公平、公正。

——健全温室气体排放统计核算体系。进一步加强应对气候变化统计工作，完善应对气候变化统计指标体系。

——完善社会参与机制。强化企业低碳发展责任，鼓励企业探索资源节约、环境友好的低碳发展模式。强化低碳发展模式中社会监督和公众参与力度。

——积极推进国际合作。作为负责任的发展中国家，中国将从全人类的共同利益出发，积极开展国际合作，推进形成公平合理、合作共赢的全球气候治理体系。

第四章　国家应对气候变化组织机构

中国政府高度重视应对气候变化的组织机构建设。经过长期持续努力，已经建立起了国家、地方及有关部门层面的应对气候变化组织机构，并根据工作需要不断完善。在国家信息通报和两年更新报告方面，中国建立了比较稳定的技术支撑机构和核心专家队伍，为编制和提交国家信息通报和两年更新报告提供了组织保障。

一、国家层面

为切实加强对应对气候变化和节能减排工作的领导，2007 年 6 月，中国国务院决定成立国家应对气候变化及节能减排工作领导小组，由国务院总理担任领导小组组长，作为国家应对气候变化和节能减排工作的跨部门综合性议事协调机构。领导小组的主要任务是：研究制定国家应对气候变化的重大战略、方针和对策，统一部署应对气候变化工作，研究审议国际合作和谈判方案，协调解决应对气候变化工作中的重大问题；组织贯彻落实国务院有关节能减排工作的方针政策，统一部署节能减排工作，研究审议重大政策建议，协调解决工作中的重大问题。国家应对气候变化及节能减排工作领导小组具体工作由主管部门承担。国务院视机构设置及人员变动情况和工作需要，对国家应对气候变化及节能减排工作领导小组组成单位和人员进行调整（图 1-4）。

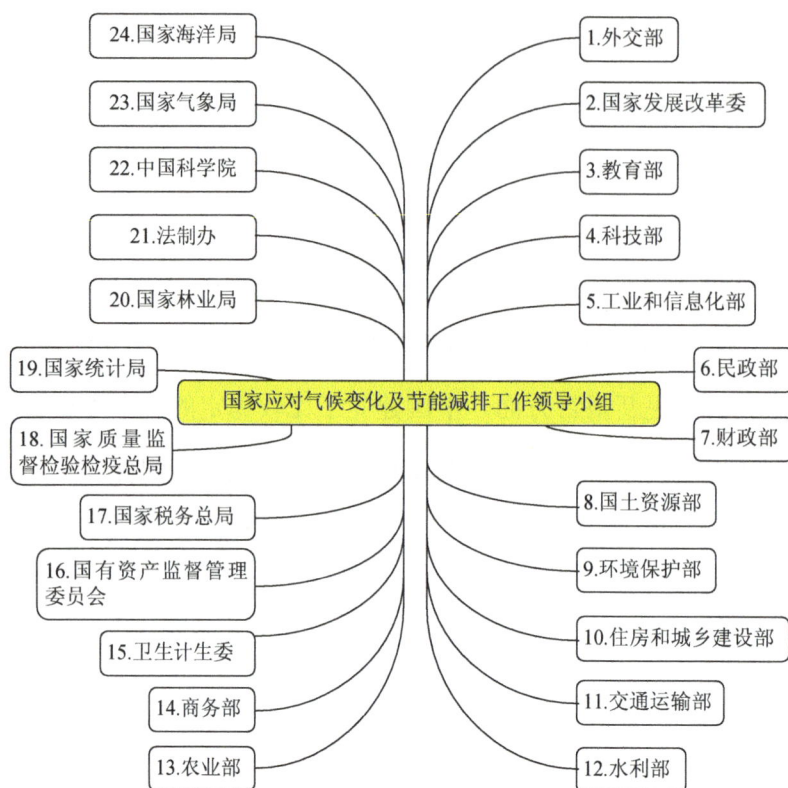

图1-4　国家应对气候变化及节能减排工作领导小组成员单位

资料来源：《国务院办公厅关于调整国家应对气候变化及节能减排工作领导小组组成人员的通知》（国办发〔2013〕72号）。

二、地方及部门（行业）层面

近年来，中国政府进一步强化了应对气候变化工作的组织机构建设。2008年在国家发展改革委增设了应对气候变化司，2012年成立了国家应对气候变化战略研究和国际合作中心。

国家应对气候变化及节能减排工作领导小组成员单位作为相关行业的政府主管部门，也明确了应对气候变化工作的部门分管领导，以及本部门应对气候变化工作的主要承担处室，并加强了对所属行业协会应对气候变化工作的指导。

各省（区、市）人民政府按照中央人民政府的要求，相继成立了由省级人民政府主要领导任组长、有关部门参加的省级应对气候变化与节能减排工作领导小组，作为地方应对气候变化和节能减排工作的跨部门综合性议事协调机构。

2008 年之后，随着国家发展改革委增设应对气候变化司，全国许多省（区、市）也相继在地方发展改革委成立应对气候变化处室，作为省级应对气候变化主管部门的办事机构；同时，地方层面的应对气候变化科研机构建设也得到加强，地方政府应对气候变化决策的科技支撑能力也在不断提升。

三、国家信息通报和两年更新报告

编制和提交国家信息通报和两年更新报告，包括国家温室气体清单工作，是一项持续和不断深入的任务要求。因此，自初始国家信息通报以来，中国政府已经初步建立了国家信息通报编制和报告的国家体系，形成了比较稳定的国家温室气体清单、国家信息通报和两年更新报告编制队伍（表 1-9）。根据应对气候变化工作的部门职责进行分工，清单编制由国家主管部门负责，会同国家统计局组织有关部门提供基础统计数据，协调相关行业协会和典型企业提供相关资料，并建立国家温室气体清单数据库以支持清单编制和数据管理。中国应对气候变化国家信息通报和两年更新报告编写完成之后，经国家主管部门批准，正式提交《公约》秘书处。

表 1-9 国家信息通报、两年更新报告和国家温室气体清单主要编写单位

任务	主要参与单位
国家信息通报、两年更新报告和国家温室气体清单总负责	国家应对气候变化主管部门
能源活动温室气体清单	国家应对气候变化战略研究和国际合作中心、国家发展改革委能源研究所、复旦大学、中国特种设备检测研究院
工业生产过程温室气体清单	清华大学、生态环境部环境保护对外合作中心
农业活动温室气体清单（畜牧业）	中国农科院农业环境与可持续发展研究所
农业活动温室气体清单（农田）	中国科学院大气物理研究所
土地利用、土地利用变化和林业温室气体清单	中国林科院森林生态环境与保护研究所、国家林业和草原局调查规划设计院、中国林科院林业新技术研究所、中国农科院农业环境与可持续发展研究所、中国科学院大气物理研究所
废弃物处理温室气体清单	中国环境科学研究院
国家温室气体清单数据库	国家应对气候变化战略研究和国际合作中心

第一部分

国家温室气体清单

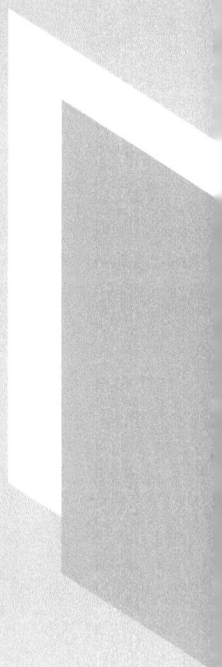

　　《公约》第八次缔约方大会第 17 号决议通过了非附件一缔约方国家信息通报编制指南。根据决议的有关要求和具体国情，中国气候变化第三次国家信息通报 2010 年国家温室气体清单编制和报告的范围包括能源活动，工业生产过程，农业活动，土地利用、土地利用变化和林业（LULUCF），废弃物处理等五个领域，涉及的温室气体有二氧化碳、甲烷、氧化亚氮、氢氟碳化物、全氟化碳和六氟化硫。清单编制方法主要遵循《IPCC 国家温室气体清单编制指南（1996 年修订版）》（以下简称《1996 年 IPCC 清单指南》）、《IPCC 国家温室气体清单优良做法指南和不确定性管理》（以下简称《IPCC 优良做法指南》）和《IPCC 土地利用、土地利用变化和林业优良做法指南》（以下简称《IPCC 林业优良做法指南》），并参考了《2006 年 IPCC 国家温室气体清单编制指南》（以下简称《2006 年 IPCC 清单指南》）。

第一章　2010 年国家温室气体清单

一、温室气体清单综述

2010 年中国温室气体排放总量（包括 LULUCF）约为 95.51 亿吨二氧化碳当量（表 2-1），其中二氧化碳（CO_2）、甲烷（CH_4）、氧化亚氮（N_2O）和含氟气体所占的比重分别为 80.4%、12.2%、5.7% 和 1.7%（表 2-2）。土地利用、土地利用变化和林业的温室气体吸收汇约为 9.93 亿吨二氧化碳当量，若不包括土地利用、土地利用变化和林业，2010 年中国温室气体排放总量则约为 105.44 亿吨二氧化碳当量，其中二氧化碳、甲烷、氧化亚氮和含氟气体所占的比重分别为 82.6%、10.7%、5.2% 和 1.5%。全球增温潜势值采用《IPCC 第二次评估报告》中 100 年时间尺度下的数值（表 2-3）。

表 2-1　2010 年中国温室气体排放总量　　单位：亿 t 二氧化碳当量

	二氧化碳	甲烷	氧化亚氮	氢氟碳化物	全氟化碳	六氟化硫	合计
总量（包括 LULUCF）	76.78	11.63	5.47	1.32	0.10	0.21	95.51
1. 能源活动	76.24	5.64	0.96				82.83
2. 工业生产过程	10.75	0.00	0.62	1.32	0.10	0.21	13.01
3. 农业活动		4.71	3.58				8.28
4. 土地利用、土地利用变化和林业	-10.30	0.37	0.00				-9.93
5. 废弃物处理	0.08	0.92	0.31				1.32
总量（不包括 LULUCF）	87.07	11.27	5.47	1.32	0.10	0.21	105.44

注：1. 阴影部分不需填写。
　　2. 0.00 表示计算结果小于 0.005。
　　3. 由于四舍五入的原因，表中各分项之和与总计可能有微小的出入。

表 2-2   2010 年中国温室气体排放构成

温室气体	包括土地利用、土地利用变化和林业		不包括土地利用、土地利用变化和林业	
	排放量/ 亿 t 二氧化碳当量	比重/ %	排放量/ 亿 t 二氧化碳当量	比重/ %
二氧化碳	76.78	80.4	87.07	82.6
甲烷	11.63	12.2	11.27	10.7
氧化亚氮	5.47	5.7	5.47	5.2
含氟气体	1.63	1.7	1.63	1.5
合计	95.51	100.0	105.44	100.0

注：由于四舍五入的原因，表中各分项之和与总计可能有微小的出入。

表 2-3   清单所涉及温室气体的 100 年时间尺度下的全球增温潜势

温室气体种类	全球增温潜势	温室气体种类	全球增温潜势
CO_2	1	HFC-152a	140
CH_4	21	HFC-227ea	2 900
N_2O	310	HFC-236fa	6 300
HFC-23（CHF_3）	11 700	HFC-245fa	1 030
HFC-32	650	PFC-14（CF_4）	6 500
HFC-125	2 800	PFC-116（C_2F_6）	9 200
HFC-134a	1 300	SF_6	23 900
HFC-143a	3 800	—	—

注：HFC-245fa 全球增温潜势值采用《IPCC 第四次评估报告》中 100 年时间尺度下的数值。

从所涉及的不同领域来看，2010 年中国能源活动、工业生产过程、农业活动和废弃物处理等方面的温室气体排放量分别为 82.83 亿吨二氧化碳当量、13.01 亿吨二氧化碳当量、8.28 亿吨二氧化碳当量和 1.32 亿吨二氧化碳当量，在不考虑土地利用、土地利用变化和林业的情况下，4 个领域在排放总量中的比重分别为 78.6%、12.3%、7.9% 和 1.2%，如图 2-1 所示。

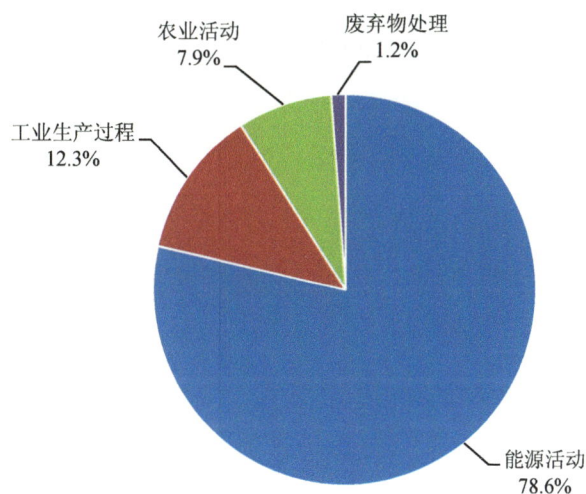

图 2-1　2010 年中国温室气体排放领域构成（不包括 LULUCF）

此外，2010 年中国国际燃料舱（国际航空和国际航海）的温室气体排放量约为 4 792.8 万吨二氧化碳当量（表 2-4）。

表 2-4　2010 年中国二氧化碳、甲烷和氧化亚氮排放量　　　　单位：万 t

温室气体排放源与吸收汇的种类	CO_2	CH_4	N_2O
总量（包括 LULUCF）	767 765.6	5 539.4	176.4
1. 能源活动	762 385.9	2 683.4	30.8
—燃料燃烧	762 385.9	300.0	30.8
◆能源工业	342 518.5	4.2	16.5
◆制造业和建筑业	291 451.6	28.4	5.3
◆交通运输	65 313.5	7.3	2.0
◆其他行业	56 777.6	80.3	0.7
◆其他	6 324.7	179.7	6.3
—逃逸排放		2 383.4	
◆固体燃料		2 287.0	
◆油气系统		96.4	
2. 工业生产过程	107 507.2	0.5	20.0
—非金属矿物制品	75 537.0		
—化学工业	11 841.3	NE	20.0

温室气体排放源与吸收汇的种类	CO_2	CH_4	N_2O
—金属冶炼	20 128.8	0.5	NA
—卤烃和六氟化硫生产			
—卤烃和六氟化硫消费			
3. 农业活动		2 241.4	115.4
—动物肠道发酵		1 032.9	
—动物粪便管理		304.8	23.6
—水稻种植		872.9	
—农业土壤		NA	91.1
—限定性热带草原烧荒		NO	NO
—农业废弃物田间焚烧		30.7	0.7
4. 土地利用、土地利用变化和林业	−102 972.0	174.0	IE, NE
—林地	−77 923.0		
—农地	−6 604.0	IE	IE
—草地	−4 513.0	IE	IE
—湿地	−4 508.0	174.0	NE
—建设用地	162.0		
—其他用地	0.0		
—林产品	−9 586.0		
5. 废弃物处理	844.6	440.1	10.1
—固体废物处理	844.6	220.7	0.5
—废水处理		219.4	9.6
信息项			
—国际航空	2 148.8	0.0	0.1
—国际航海	2 643.6	0.2	0.1
—生物质燃烧	89 825.5		

注：1. 阴影部分不需填写。

2. 0.0 表示数值低于 0.05。

3. NE（未估计）表示对现有源排放量和汇清除没有计算；IE（列于他处）表示此排放源在其他子领域计算和报告；NO（未发生）表示不存在此排放源。

4. 由于四舍五入的原因，表中各分项之和与总计可能有微小的出入。

5. 信息项不计入排放总量。

二、二氧化碳排放

能源活动和工业生产过程是中国二氧化碳排放的主要来源。2010 年中国二氧化碳排放（不包括 LULUCF）87.07 亿吨，其中能源活动排放 76.24 亿吨，占 87.6%；工业生产过程排放 10.75 亿吨，占 12.3%；废弃物处理排放 844.6 万吨，占 0.1%。土地利用、土地利用变化和林业活动净吸收的二氧化碳为 10.30 亿吨，包括净吸收后，2010 年中国二氧化碳共排放 76.78 亿吨。

三、甲烷排放

中国的甲烷排放主要来源于能源活动和农业活动。2010 年中国甲烷排放 5 539.4 万吨，相当于 11.63 亿吨二氧化碳当量，其中能源活动排放 2 683.4 万吨，占 48.4%；农业活动排放 2 241.4 万吨，占 40.5%；废弃物处理排放 440.1 万吨，占 7.9%；土地利用、土地利用变化和林业排放 174.0 万吨，占 3.1%。

四、氧化亚氮排放

中国的氧化亚氮排放主要来源于农业活动和能源活动。2010 年中国氧化亚氮排放 176.4 万吨，相当于 5.47 亿吨二氧化碳当量，其中农业活动排放 115.4 万吨，占 65.4%；能源活动排放 30.8 万吨，占 17.5%；工业生产过程排放 20.0 万吨，占 11.4%；废弃物处理排放 10.1 万吨，占 5.7%。

五、含氟气体排放

中国的含氟气体排放来自工业生产过程。2010 年氢氟碳化物（HFCs）、全氟化碳（PFCs）和六氟化硫（SF_6）3 类含氟气体排放量约为 1.63 亿吨二氧化碳当量（表 2-5）。

表 2-5　2010 年中国氢氟碳化物、全氟化碳和六氟化硫排放量　　　　单位：万 t

温室气体排放源与吸收汇类别	HFCs									PFCs		SF$_6$
	HFC-23	HFC-32	HFC-125	HFC-134a	HFC-143a	HFC-152a	HFC-227ea	HFC-236fa	HFC-245fa	CF$_4$	C$_2$F$_6$	
总量	0.86	0.17	0.19	1.89	0.01	0.02	0.00	0.00	0.01	0.13	0.01	0.09
1. 能源活动												
2. 工业生产过程	0.86	0.17	0.19	1.89	0.01	0.02	0.00	0.00	0.01	0.13	0.01	0.09
—非金属矿物制品												
—化学工业												
—金属冶炼										0.11	0.01	NO
—卤烃和六氟化硫生产	0.86	0.01	0.02	0.04	0.01	0.02	0.00	0.00	0.00	0.00	0.00	NE
—卤烃和六氟化硫消费	NO	0.16	0.17	1.85	0.01	NO	NO	NO	0.01	0.01	0.00	0.09
3. 农业活动												
4. 土地利用、土地利用变化和林业												
5. 废弃物处理												

注：1. 阴影部分不需填写。

　　2. 0.00 表示数值低于 0.005。

　　3. NO（未发生）表示不存在此排放源；NE（未估计）表示对现有源排放量和汇清除没有计算。

　　4. 由于四舍五入的原因，表中各分项之和与总计可能有微小的出入。

第二章　分领域温室气体排放

一、能源活动

（一）报告范围

2010 年中国能源活动清单的报告范围包括燃料燃烧和逃逸排放。燃料燃烧覆盖能源工业，制造业和建筑业，交通运输、仓储和邮政业，其他行业及其他类别下的二氧化碳、甲烷和氧化亚氮排放，"其他"报告生物质燃料燃烧的甲烷和氧化亚氮排放以及非能源利用的二氧化碳排放。逃逸排放覆盖固体燃料和油气系统的甲烷排放。能源活动清单还以信息项的形式报告了国际燃料舱的二氧化碳、甲烷和氧化亚氮排放以及生物质燃料燃烧的二氧化碳排放。

（二）编制方法

2010 年中国能源活动的清单编制主要遵循了《1996 年 IPCC 清单指南》和《IPCC 优良做法指南》，同时为进一步提高清单的准确性和完整性，必要时也结合国情适当参考了《2006 年 IPCC 清单指南》。

化石燃料燃烧的二氧化碳、甲烷、氧化亚氮排放均采用部门法来进行估算，其中二氧化碳排放计算采用层级 2 方法，同时还采用参考法从宏观上进行了总体估算，以校核部门法的结果。除公用电力和热力部门、航空采用层级 2 方法，道路交通采用层级 3 的模型方法（COPERT 模型）外，其他甲烷和氧化亚氮排放均采用层级 1 方法。

固体燃料甲烷逃逸排放中，井工开采采用层级 2 方法，露天开采采用层级 1 方法，矿后活动采用层级 2 方法，废弃矿井采用《2006 年 IPCC 清单指南》层级 1 方法。天然气开采和输送及常规原油开采采用层级 3 方法，油气系统甲烷逃逸的其他子领域则采用层级 1 方法。

居民部门生物质燃烧的甲烷排放量计算采用层级 2 方法，其他排放源采用层级 1 方法。

国际航空排放量计算采用层级 2 方法，国际航海排放量计算采用层级 1 方法。

（三）活动水平数据和排放因子

2010 年中国化石燃料燃烧活动水平数据主要来自国家统计局提供的能源统计数据以及其他相关统计资料。2015 年国家统计局依据惯例根据第三次经济普查资料修订了 2010 年中国能源消费统计数据，并在《中国能源统计年鉴 2014》中公开发布，本清单化石燃料燃烧活动水平数据采用该统计数据。生物质燃烧活动水平数据来源于《中国农村统计年鉴 2011》等。煤炭逃逸排放的活动水平数据主要来自《中国能源统计年鉴 2014》。油气系统逃逸排放的活动水平数据主要来自《中国石油天然气集团公司年鉴 2011》《中国石油化工集团公司年鉴 2011》。2010 年主要能源活动水平数据见表 2-6。

表 2-6　2010 年主要能源活动水平数据

	活动水平		活动水平
煤炭消费量/亿 t 标准煤	24.96	井工开采煤炭产量/亿 t	28.64
石油消费量/亿 t 标准煤	6.28	露天开采煤炭产量/亿 t	5.64
天然气消费量/亿 t 标准煤	1.44	秸秆消费量/亿 t 标准煤	1.67

煤炭热值、单位热值含碳量和燃煤工业锅炉碳氧化率通过专项调研获得中国的本地化参数；液体燃料和气体燃料热值采用国家统计局数据和《2006 年 IPCC 清单指南》的缺省值，单位热值含碳量采用了《2006 年 IPCC 清单指南》的缺省值，碳氧化率采用了第二次国家信息通报中 2005 年清单的调研数据。固定燃烧源甲烷和氧化亚氮排放因子均采用《2006 年 IPCC 清单指南》的缺省值。

清单将全国煤矿矿井瓦斯鉴定结果数据作为计算排放因子的基础，计算得到全国平均的井工开采甲烷排放因子。露天开采排放因子采用《1996 年 IPCC 清单指南》的排放因子。

生物质燃烧的新增排放源、燃料种类和气体采用《2006年IPCC清单指南》的缺省值。动物粪便燃烧的温室气体排放因子采用《2006年IPCC清单指南》的缺省值。农林废弃物、沼气、垃圾（生物成因）的排放因子也采用《2006年IPCC清单指南》的缺省值。

（四）清单结果

2010 年中国能源活动的温室气体排放量为 82.84 亿吨二氧化碳当量，其中燃料燃烧排放量为 77.82 亿吨二氧化碳当量，占 94.0%，逃逸排放量为 5.01 亿吨二氧化碳当量，约占 6.0%。排放总量中，二氧化碳排放 76.24 亿吨，约占能源活动温室气体总排放量的 92.0%，甲烷排放 5.64 亿吨二氧化碳当量，约占 6.8%，氧化亚氮排放 0.96 亿吨二氧化碳当量，约占 1.2%，如图 2-2 所示。

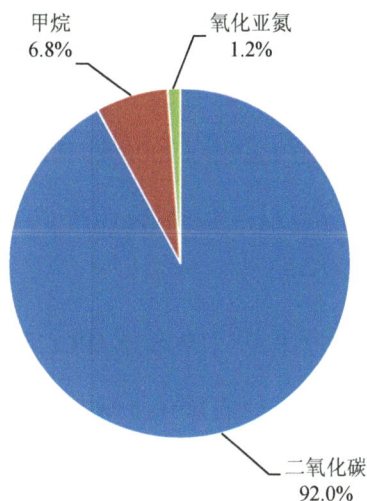

图 2-2　2010 年中国能源活动温室气体排放气体构成

二、工业生产过程

（一）报告范围

2010 年中国工业生产过程温室气体清单报告内容包括非金属矿物制品生产、化学工业生产、金属冶炼、卤烃和六氟化硫生产，以及卤烃和六氟化硫消费等部分的温室气体排放。非金属矿物制品生产报告包括水泥生产过程、石灰生产过程和玻璃生产过程的二氧化碳排放。化学工业生产报告包括合成氨生产过程、电石生产过程、纯碱生产过程、硝酸生产过程和己二酸生产过程的二氧化碳和氧化亚氮排放。金属冶炼报告包括钢铁、铁合金、铝冶炼、镁冶炼和铅锌冶炼等生产过程的二氧化碳、甲烷和全氟化碳排放。卤烃和六氟化硫生产报告包括二氟一氯甲烷生产、其他氢氟碳化物生产、全氟化碳生产过程的氢氟碳化物和全氟化碳排放。卤烃和六氟化硫消费报告包括氢氟碳化物使用、全氟化碳使用和六氟化硫使用等工艺过程的氢氟碳化物、全氟化碳和六氟化硫排放。

（二）编制方法

在以下不同工业生产过程中，根据实际情况和数据基础，采用了不同年份的指南和层级方法来对温室气体排放进行相应的估算。

——水泥生产过程和石灰生产过程二氧化碳排放采用《1996 年 IPCC 清单指南》方法；

——玻璃生产过程的二氧化碳排放采用《2006 年 IPCC 清单指南》层级 1 方法；

——合成氨生产过程和纯碱生产过程的二氧化碳排放采用《2006 年 IPCC 清单指南》层级 2 方法；

——电石生产过程二氧化碳排放采用《1996 年 IPCC 清单指南》方法；

——硝酸生产过程和己二酸生产过程的氧化亚氮排放采用《IPCC 优良做法指南》方法；

——钢铁生产过程溶剂使用的二氧化碳排放采用《1996 年 IPCC 清单指南》层级 1 方法；

——炼钢降碳过程二氧化碳排放采用《IPCC 优良做法指南》层级 2 方法；

——铁合金生产过程和铅锌冶炼的二氧化碳排放采用《2006 年 IPCC 清单指南》层级 1 方法；

——铝生产过程二氧化碳排放采用《2006 年 IPCC 清单指南》层级 2 方法；

——铝生产全氟化碳排放采用《1996 年 IPCC 清单指南》层级 2 方法；

——镁生产过程二氧化碳排放采用《2006 年 IPCC 清单指南》层级 2 方法；

——二氟一氯甲烷（HCFC-22）生产过程的三氟甲烷（HFC-23）排放采用《1996 年 IPCC 清单指南》层级 2 方法；

——其他氢氟碳化物生产、全氟化碳生产排放采用《1996 年 IPCC 清单指南》层级 1 方法；

——制冷和空调子领域氢氟碳化物使用排放和电力设备生产过程六氟化硫排放采用《1996 年 IPCC 清单指南》层级 2 方法；

——其他氢氟碳化物、全氟化碳和六氟化硫使用排放采用《1996 年 IPCC 清单指南》层级 1 方法。

（三）活动水平数据和排放因子

2010 年中国水泥熟料、粗钢和原铝产量数据来源于国家统计局的统计资料，合成氨产量数据主要来源于《中国化学工业年鉴（2011—2012）》，石灰产量数据来源于中国石灰协会的估算数据，硝酸产量数据来源于全国化工硝酸硝酸盐技术协作网调查数据，己二酸、硅铁合金和二氟一氯甲烷产量数据来源于企业调研。2010 年主要工业生产过程活动水平数据见表 2-7。

表2-7　2010 年主要工业生产过程活动水平数据　　　　　　单位：万 t

	产量		产量
水泥熟料	118 875	硅铁合金	505
粗钢	63 723	原铝	1 577
合成氨	4 965	二氟一氯甲烷	55

水泥熟料、合成氨、己二酸和二氟一氯甲烷生产的排放因子采用典型企业调研方法所获取的 2010 年本国数据，其他排放源的排放因子则采用第二次国家信息通报的数据。

（四）清单结果

2010 年中国工业生产过程温室气体排放量为 13.01 亿吨二氧化碳当量，其中非金属矿物制品排放所占比重为 58.1%，化学工业排放占 13.9%，金属冶炼排放占 16.2%，卤烃和六氟化硫生产排放占 7.8%，卤烃和六氟化硫消费排放占 4.0%。在排放总量中，二氧化碳占 82.7%，氧化亚氮、氢氟碳化物、全氟化碳和六氟化硫排放分别占 4.8%、10.2%、0.7%和 1.6%，甲烷排放占比不到 0.1%，如图 2-3 所示。

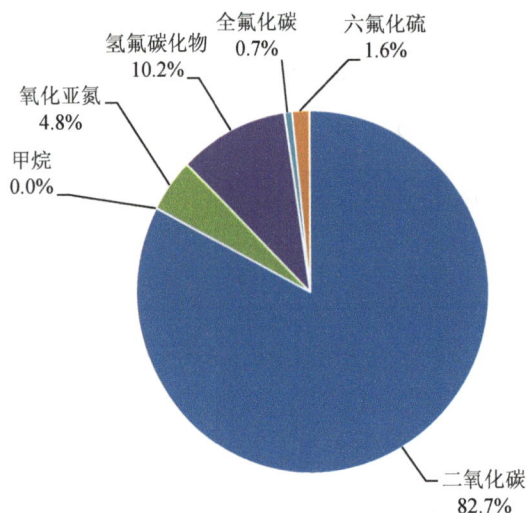

图 2-3　2010 年中国工业生产过程温室气体排放气体构成

三、农业活动

（一）报告范围

2010 年中国农业温室气体清单报告内容包括动物肠道发酵甲烷排放、粪便管理甲烷和氧化亚氮排放、稻田甲烷排放、农业土壤氧化亚氮排放以及农业废弃物田间焚烧的甲烷和氧化亚氮排放。动物肠道发酵报告包括肉牛、奶牛、山羊和绵羊等12 种畜禽的甲烷排放。粪便管理报告包括奶牛、肉牛、山羊和猪等14 种畜禽的甲烷和氧化亚氮排放。稻田报告包括不同耕作方式、不同灌溉管理方式、不同肥料施用方式的甲烷排放。农业土壤报告包括农业土壤（含放牧）氮输入就地转化的氧化亚氮直接排放，以及氮输入导致的氮沉降和氮淋溶径流氧化亚氮间接排放。

（二）编制方法

——动物肠道发酵甲烷排放计算中，对于肉牛、奶牛、水牛、牦牛、其他牛、绵羊、山羊和猪等关键排放源，采用《1996 年 IPCC 清单指南》层级 2 方法，其他排放源采用层级 1 方法计算。

——在粪便管理子领域，对于猪、肉牛、奶牛、家禽、水牛和山羊等关键排放源，采用《1996 年 IPCC 清单指南》层级 2 方法，其他排放源采用层级 1 方法计算。

——稻田甲烷排放继续采用中国稻田甲烷模型（CH₄MOD）估计，此模型是依据《1996 年 IPCC 清单指南》的方法，考虑中国统计数据特点开发的，相当于《1996 年 IPCC 清单指南》层级 3 方法。它是基于县级稻田基础数据，通过计算各县甲烷排放并加和估算。农用地氧化亚氮排放采用区域氮循环模型（IAP-N 模型），基于各省级区域农用地排放加和计算得到，相当于《2006 年 IPCC 清单指南》层级 2 方法。

——农业废弃物田间焚烧的甲烷和氧化亚氮排放采用《1996 年 IPCC 清单指南》层级 1 方法。

（三）活动水平数据和排放因子

动物肠道发酵、粪便管理、稻田、农业土壤等温室气体清单采用的活动数据来源于《中国统计年鉴 2011》《中国畜牧业年鉴 2011》、第三次全国农业普查和农业农村部畜牧业司，其中，规模化饲养、农户饲养比例以及不同动物的年龄结构比例来自农业农村部畜牧业司提供的畜牧业行业统计数据。2010 年农业清单主要活动水平数据见表 2-8。

表 2-8　2010 年主要农业活动水平数据

	活动水平		活动水平
奶牛存栏量/万头	1 211	绵羊存栏量/万只	14 535
肉牛存栏量/万头	6 237	生猪存栏量/万头	46 765
水牛存栏量/万头	2 372	氮肥消费量/万 t	2 354
山羊存栏量/万只	1 4195	复合肥折纯消费量/万 t	1 798

动物肠道发酵甲烷排放因子计算中涉及的动物体重、日增重、采食量和饲料质量、产奶量和乳脂率、产毛量等生产特性数据来自 2015 年开展的 79 个县的典型调查数据。

计算粪便管理甲烷排放因子所需要的粪便管理方式的使用比例来自 79 个县的调研数据。基于各省的年平均温度选择采用《1996 年 IPCC 清单指南》不同粪便管理方式的甲烷转化因子（MCF）缺省值。根据《1996 年 IPCC 清单指南》推荐的方法和典型调查获得的动物采食量数据计算分区域的不同年龄阶段各种动物每日排泄的易挥发固体量（VS）。甲烷生产潜力（Bo）采用《1996 年 IPCC 清单指南》的缺省值。计算粪便管理氧化亚氮排放因子所需的猪、奶牛、肉牛和家禽的年氮排泄量采用《第一次全国污染源普查畜禽养殖业源产排污系数手册》数据，其他动物年氮排泄量选用《1996 年 IPCC 清单指南》的缺省值。

稻田甲烷排放因子采用中国稻田甲烷模型计算得到。冬水田非水稻生长季甲烷排放因子采用经验公式计算。

农业土壤氧化亚氮直接排放因子根据近 30 年中国不同类型农业土壤的观测资料经过统计分析得到。放牧氧化亚氮排放因子采用《1996 年 IPCC 清单指南》的缺省值。大气氮沉降到农田内的氧化亚氮间接排放的排放因子直接采用相应农田类型氧化亚氮的直接排放因子。大气氮沉降到农田外的间接排放因子与淋溶和径流损失氮的氧化亚氮间接排放因子均采用《2006 年 IPCC 清单指南》的缺省值。

（四）清单结果

2010 年中国农业活动温室气体排放量约为 8.28 亿吨二氧化碳当量，其中，动物肠道发酵排放量为 2.17 亿吨二氧化碳当量，占 26.2%；动物粪便管理排放量为 1.37 亿吨二氧化碳当量，占 16.5%；水稻种植排放量为 1.83 亿吨二氧化碳当量，占 22.1%；农业土壤排放量为 2.83 亿吨二氧化碳当量，占 34.1%；农业废弃物田间焚烧排放量为 0.09 亿吨二氧化碳当量，占 1.0%。如图 2-4 所示。排放总量中，甲烷排放占总排放量的 56.8%，氧化亚氮占 43.2%。

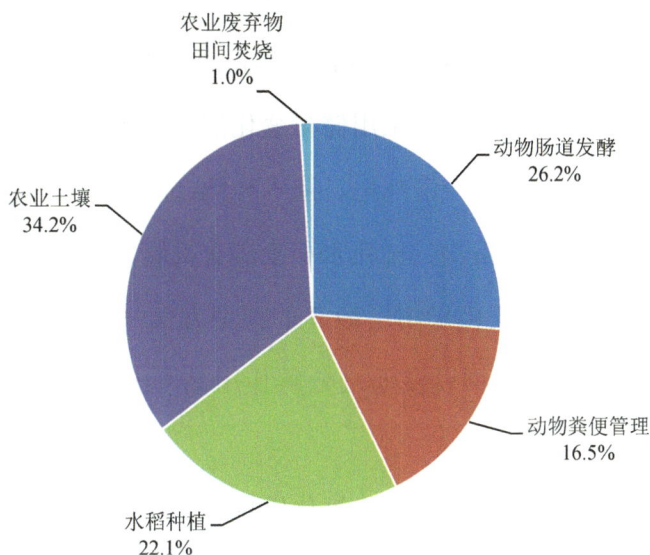

图 2-4　2010 年中国农业活动温室气体排放源构成

四、土地利用、土地利用变化和林业

（一）报告范围

2010 年中国土地利用、土地利用变化和林业温室气体清单报告包括 6 种土地利用类型的二氧化碳清除量或排放量和甲烷的排放量，这 6 种类型分别为林地、农地、草地、湿地、建设用地和其他土地。同时对每一种土地类型又考虑了 1990—2010 年"一直为某一类型土地"和"转化为某一类型土地"两种土地利用变化类型。根据实际情况对每一类土地分别评估其地上生物量、地下生物量、枯落物、枯死木和土壤有机碳的碳储量变化。此外还包括森林之外的其他林木和林产品的碳储量变化。主要评估二氧化碳和甲烷两种温室气体的清除量和排放量。

（二）编制方法

2010 年中国土地利用、土地利用变化和林业温室气体清单的编制主要参考了

《IPCC 林业优良做法指南》，同时也参考了《IPCC 优良做法指南》《2006 年 IPCC 清单指南》以及《2006 年 IPCC 国家温室气体清单指南 2013 年增补版：湿地》等。

林地二氧化碳排放量和清除量采用储量变化法（层级 2 方法）来估算，其中将林地划分为乔木林地、竹林地、经济林地、灌木林地、疏林地和未成林地，碳库包括地上生物量、地下生物量、枯落物、枯死木和土壤有机碳。

农地土壤有机碳储量变化采用层级 3 的模型方法（Agro-C 模型），通过模拟秸秆、根系和有机肥等进入土壤以及通过分解作用离开土壤的过程，来计算土壤碳库的变化。

草地土壤有机碳储量变化、湿地二氧化碳排放和清除与甲烷排放及建设用地的二氧化碳排放均采用层级 2 方法。

林产品碳储量变化采用"生产法"（层级 2 方法）来进行估算。

（三）活动水平与排放因子数据

林地的划分主要参考《国家森林资源连续清查技术规定》。各类土地利用面积来源于自然资源部发布的数据，其中活立木蓄积量等数据来源于国家森林资源连续清查资料。草地管理面积和湿地亚类型的细分面积同时结合遥感数据来进行确定。在2010 年清单中，土地利用、土地利用变化和林业主要活动水平数据见表 2-9。

表 2-9　2010 年土地利用、土地利用变化和林业主要活动水平数据

单位：万 hm²

	面积		面积
乔木林	16 352	农地	13 527
竹林	591	草地	28 717
疏林地	413	湿地	4 002
灌木林地	7 165	建设用地	3 452

主要排放因子数据和相关参数来源于国家行业标准、已发表的相关文献资料以及部分实测数据。模型及参数的校验环节还参考了国家发布的气象数据、土壤数据和植被数据。

（四）清单结果

2010 年中国土地利用、土地利用变化和林业活动吸收二氧化碳 10.30 亿吨，排放甲烷 174.0 万吨，净吸收量为 9.93 亿吨二氧化碳当量。林地、农地、草地、湿地分别吸收 7.79 亿吨、0.66 亿吨、0.45 亿吨、0.45 亿吨二氧化碳，建设用地排放 0.02 亿吨二氧化碳，林产品吸收 0.96 亿吨二氧化碳。湿地排放甲烷 174 万吨。

五、废弃物处理

（一）报告范围

2010 年中国废弃物处理温室气体清单报告包括固体废物处理过程的二氧化碳、甲烷和氧化亚氮排放，以及废水处理过程的甲烷和氧化亚氮排放。

固体废物处理报告了城市固体废物填埋处理、焚烧处理以及生物处理的温室气体排放。废弃物焚烧处理报告了化石成因的二氧化碳、甲烷和氧化亚氮排放，而生物成因的二氧化碳排放则作为信息项报告。

废水处理报告了生活污水处理甲烷排放、工业废水处理甲烷排放，以及废水处理氧化亚氮的排放。

（二）编制方法

固体废物填埋处理的温室气体排放计算采用一阶动力学衰减方法（层级 2 方法），焚烧处理采用《IPCC 优良做法指南》中提供的计算方法，废弃物生物处理主要利用《IPCC 优良做法指南》中提供的计算方法。

废水处理采用了《1996 年 IPCC 清单指南》和《IPCC 优良做法指南》中提供的计算方法，并参考了《2006 年 IPCC 清单指南》。

（三）活动水平数据和排放因子

城市固体废物填埋处理活动水平相关数据来自《中国城市建设统计年鉴》和《中国人口和就业统计年鉴》。

生活污水和工业废水相关活动水平数据主要来自《2010 中国环境统计年鉴》《中国环境统计年报 2010》和《中国城镇污水处理厂汇编》等。人口数据取自《中国统计年鉴 2011》，人均蛋白质消耗量取自联合国粮农组织（FAO）。生物处理的堆肥量来自《中国城市建设统计年鉴（2010 年）》。

焚烧的生活垃圾数据来源于《中国城市建设统计年鉴（2010 年）》，危险废物资料来自《2010 中国环境统计年鉴》，污泥的处理量来自《2010 中国环境统计年鉴》和《中国环境统计年报 2010》。2010 年主要废弃物处理活动水平数据见表 2-10。

表 2-10　2010 年主要废弃物处理活动水平数据　　　　单位：万 t

主要废弃物处理活动	活动水平
城市生活垃圾填埋处理量	9 598
城市生活垃圾焚烧量	2 317
城市生活垃圾堆肥量	181
废水排放 COD 总量	1 238

生活垃圾填埋甲烷排放因子采用本国数值。根据中国生活垃圾收集和填埋处理的特点，基于历史资料分析和对已有研究成果的再分析和加工，结合部分城市和垃圾填埋场的实际调研，确定出本地化的生活垃圾可降解有机碳（DOC）含量，结合中国废弃物填埋处理的发展趋势，确定出能反映中国实际情况的甲烷转化因子（MCF），并在中国南方和北方通过实际采样和现场调研，验证所使用的生活垃圾半衰期的本国特征值。

工业废水处理和生活污水处理甲烷和氧化亚氮排放因子采用本国当年值。废弃物生物处理甲烷和氧化亚氮排放因子采用《IPCC 优良做法指南》的缺省值。

废弃物焚烧二氧化碳、甲烷和氧化亚氮排放因子根据《IPCC 优良做法指南》和

《2006 年 IPCC 指南》排放因子缺省值范围，结合中国具体情况确定。

（四）清单结果

2010 年中国废弃物处理的温室气体排放量为 1.32 亿吨二氧化碳当量，其中，固体废物处理排放量为 0.56 亿吨二氧化碳当量，占 42.7%；废水处理排放量为 0.76 亿吨二氧化碳当量，占 57.3%。二氧化碳、甲烷和氧化亚氮排放气体构成占比分别是 6.4%、69.9%和 23.7%，如图 2-5 所示。

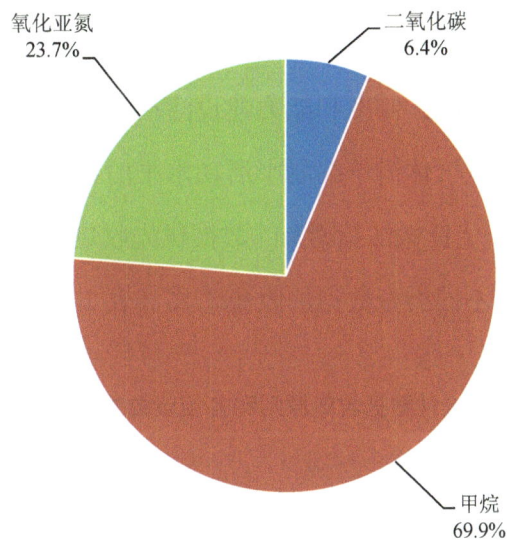

图 2-5　2010 年中国废弃物处理温室气体排放气体构成

第三章　数据质量及不确定性评估

一、数据质量控制

（一）数据收集与核查

自2012年以来，国家统计局与国家温室气体清单编制各相关部门和单位合作，开展了针对温室气体排放的基础统计制度和能力建设活动，使各主要活动部门的统计数据更加完善，以提高国家温室气体清单编制中活动水平的数据质量。

清单编制机构在《IPCC优良做法指南》的数据优先收集原则指导下，开展统计数据、重要参数和排放因子等不同类型数据的收集工作（表2-11）。

表 2-11　权威性数据收集原则和各领域数据收集概况

数据类型	权威性原则	各领域数据收集概况
活动水平数据	国家统计部门的数据具有最高的权威性；其次是部门或行业协会数据；再次为调研数据；最后是专家判断数据，其不确定性依次由±5%增大到±30%	● 能源活动，工业生产过程，农业活动，土地利用、土地利用变化和林业以及废弃物处理清单所涉的统计数据大部分来自国家统计局和有关部门（如农业农村部、国家林业和草原局、自然资源部和生态环境部等）； ● 部分在统计部门不能获得的数据（如运输行业能源消费量、牧区放牧动物数量和其粪便作燃料的数据、土壤数据和植被数据等），通过相应的行业协会获得； ● 林地的面积与活立木蓄积数据来源于国家森林资源连续清查资料； ● 草地管理面积和湿地亚类型面积的细分，结合遥感数据进行确定
重要参数/排放因子数据	采用国家/行业标准方法的大样本检测/行业调研数据（如国家/行业的普查数据）具有最高的权威性；其次是各研究机构发表的监测数据；最后是专家判断和IPCC缺省值，其不确定性应在IPCC缺省值的范围	● 固体燃料的热值、单位热值含碳量和碳氧化率数据主要来源于专项调研，同时参考重大研究项目成果（如中国科学院碳专项和相关的"973"项目成果）； ● 秸秆还田率、动物个体粪便年排泄氮量等数据来源于农业农村部和生态环境部在全国开展的污染源普查数据；不同区域动物粪便管理方式来源于典型样县的调查结果； ● 居民垃圾成分构成及废弃物处理方式等数据来源于清洁发展机制项目成果

　　清单编制机构通过开展数据核查工作实施清单数据质量控制，主要开展三个方面的数据核查工作：

　　第一，各清单领域所使用的统计数据、参数数据和排放因子的录入数据与原始数据的相互校核。

　　第二，模型参数与其他相关模块的相互校核。比如，道路交通模型对燃料平衡模块进行年均行驶里程、路况分担率等参数的校核工作。

　　第三，不同领域清单所使用的数据一致性校核。比如，牧区放牧动物数量和其粪便作燃料的数据，以及农区动物放养数量和其粪便作燃料的数量在农业各子清单之间的校核。又如，林地以及与能源清单中生物质作燃料的清单之间的数据校核。这些校核工作确保了中国各排放领域清单数据的完整性、准确性、一致性、科学性和可比性（表2-12）。

表2-12　清单数据完整性、准确性、一致性、科学性和可比性工作概况

项目	工作概况
数据完整性	● 能源活动：与第二次信息通报相比，本次能源清单首次计算了全部固定源的甲烷和氧化亚氮排放量，并补充计算了能源平衡表中"其他能源"品种所包含的化石碳排放，以及石油天然气勘探环节的甲烷逃逸排放量，农村生活的沼气燃烧、生物质发电（农林废弃物、沼气、生物成因固体垃圾）的甲烷排放和生物质燃烧的 CO_2 排放（信息项）； ● 工业生产过程：增加了5个新的排放源，并对之前的含氟气体排放源子类进行了扩充； ● 农业活动：增加农业废弃物田间焚烧甲烷和氧化亚氮排放估算； ● 土地利用、土地利用变化和林业：增加碳库种类，除林地外，增加不同土地利用方式（包括农田、草地和湿地等）土壤碳库变化和湿地甲烷排放清单估算； ● 废弃物处理：增加生物处理甲烷和氧化亚氮温室气体排放估算
数据准确性	● 能源活动：针对煤炭燃烧排放，进一步增强了主要耗煤行业分煤种分用途的低位发热量及单位热值含碳量调查研究，开展了中国煤化工发展状况及投入产出研究，获得了更可靠的固碳率参数；道路交通 CH_4 和 N_2O 排放由排放因子计算法升级到 COPERT 模型方法，民用航空由层级1方法升级为层级2方法。 ● 农业活动：农田氧化亚氮排放因子由氧化亚氮分析方法改进与监测通量换算方法改进，对中国近30年田间观测数据进行统一矫正，形成一套分区域、分农田类型的氧化亚氮直接排放因子，从而提高了农田氧化亚氮直接排放估算的准确性。稻田前茬作物秸秆还田率调研、动物饲料结构以及粪便管理系统构成调研，可提高农业温室气体清单准确性，降低其不确定性

项目	工作概况
数据一致性	● 　与第二次国家信息通报相比，2010 年中国温室气体清单排放源和吸收汇分类与 IPCC 清单指南更为一致。 ● 　为避免重复计算和漏算，对交叉性领域的清单边界以及采用的基础数据进行了相互衔接和校核，例如： ——能源活动中的非能源利用清单同工业生产过程清单的边界以及数据来源； ——能源活动清单与农业活动清单中的动物粪便及动物饲养数据； ——能源活动清单与土地利用变化清单中的薪柴焚烧数据
清单编制方法科学性和可比性	遵照《1996 年 IPCC 清单指南》《2006 年 IPCC 清单指南》《IPCC 优良做法指南》《IPCC 林业优良做法指南》的方法学： ● 　主要排放源：结合中国的实际情况，采用层级 2 方法或层级 3 方法； ● 　非主要排放源：采用层级 1 方法，例如： ——能源清单严格参考《1996 年 IPCC 清单指南》关于排放源类别与 ISIC 分类的对照表，更正了以往能源活动清单关于化石燃料燃烧排放源类别与国民经济行业分类中工业子行业的对应关系，使排放源分类与《1996 年 IPCC 清单指南》更加一致，保证了清单的可比性； ——工业生产过程：约一半的排放源已采用《2006 年 IPCC 清单指南》，在含氟气体方面，即使同为层级 1 方法，《2006 年 IPCC 清单指南》所提供的实际排放量计算方法比《1996 年 IPCC 清单指南》所提供的潜在排放量计算方法更科学准确

（二）文档管理

遵循《IPCC 优良做法指南》，各领域温室气体排放清单编制单位针对活动水平数据、排放因子和相关参数建立了数据库，并建立了信息来源和参考文献管理数据库。

针对方法学选择依据及其改进过程，各领域以技术报告形式进行详细记载，并经过同行专家评审后留档保存。

二、数据质量保障

本次清单报告征询国家应对气候变化领导小组成员单位和有关行业协会的意见和建议，以保证清单活动水平数据的准确性以及参数、排放因子和方法学选择的合理性。并且把清单估算结果与国内外同行机构发表的相关估算结果进行了比对，保障本次国家温室气体清单数据可靠、方法科学、结果可比。

三、清单的不确定性评估

（一）降低清单不确定性的措施

随着中国温室气体统计体制的建立和不断完善，各排放源活动水平数据的不确定性也在逐渐降低。本次国家温室气体清单对各排放源尽量采用本地的排放因子，这对降低清单的不确定性起到了很大的促进作用。各部门为降低清单不确定性所采取的具体措施见表 2-13。

（二）清单的不确定性评估

2010 年中国温室气体清单的不确定性分析遵循了《IPCC 优良做法指南》。道路交通温室气体排放、稻田甲烷排放和农田土壤碳吸收估算采用层级 2 方法（Monte Carlo 方法）量化其不确定性，其他排放源采用层级 1 方法（误差传递法）量化其不确定性。采用层级 1 方法量化 2010 年中国温室气体清单的总体不确定性。结果表明，2010 年中国温室气体清单不确定性为 −5.3%～5.5%，见表 2-14。

表 2-13　各部门降低清单不确定性的措施概况

部门	降低清单不确定性的措施
能源活动	● 化石燃料燃烧 CO_2 排放采用部门法估算，并用参考法进行校核； ● 道路交通 CH_4 和 N_2O 排放由排放因子计算法升级到 COPERT 模型方法，民用航空由层级 1 方法升级为层级 2 方法； ● 加强了主要行业分煤种、分用途的低位发热量、单位热值含碳量和碳氧化率等数据的调查研究； ● 系统地梳理了迄今为止的清单和研究成果中有关单位热值含碳量和碳氧化率的信息，如中国科学院碳专项的测试数据； ● 与以往国家能源清单相比，在样本代表性、覆盖度和数据质量等方面均有明显的提高，进一步降低了固体燃料燃烧排放的不确定性
工业生产过程	● 分析统计部门数据和行业协会数据（如水泥熟料、合成氨等）在统计口径上的异同，经比较和核查后再进行采用； ● 结合各省级温室气体清单来获取水泥熟料的排放因子数据，对部分重点行业（如合成氨、己二酸等）通过对企业的实际调研来获取本地的排放因子

部门	降低清单不确定性的措施
农业活动	● 调研典型种植区稻田前茬作物的秸秆还田率; ● 采用改进的氧化亚氮分析方法与监测通量换算方法矫正了农田氧化亚氮的直接排放因子,提高了农田氧化亚氮直接排放估算的准确性; ● 细分了牛的分类,由第二次信息通报的 3 类扩充为 5 类(奶牛、肉牛、水牛、牦牛和其他牛),提高了用于估算肠道发酵甲烷排放因子相关参数的数据质量; ● 调研不同区域典型县的饲料结构、粪便管理方式构成,测定猪场粪便管理方式甲烷和氧化亚氮排放量; ● 采用全国第一次污染源普查获得的分省秸秆田间焚烧比例,分区域牛、羊、猪个体年排泄氮数据
土地利用、土地利用变化和林业	● 与第二次信息通报相比,本部门清单更加完整,土地利用类型参照《IPCC 林业优良做法指南》划分为林地、农地、草地、湿地、建设用地和其他土地共 6 类;农地、草地和湿地土壤碳储量变化清单,以及湿地甲烷排放清单是本部门清单主要增加的内容。 ● 采用国家森林资源连续清查和分树种的生长模型相结合的方法来计算各年不同树种的生物量
废弃物处理	● 增加了生物处理甲烷和氧化亚氮的温室气体排放估算; ● 对废弃物中的生活垃圾构成、固体废物和废水处理方式进行调研和专家咨询,获得重要参数

表 2-14　2010 年国家温室气体清单不确定性分析结果

	排放量/亿 t 二氧化碳当量	不确定性/%
能源活动	82.83	−5.2～5.4
工业生产过程	13.01	−3.8～3.8
农业活动	8.28	−19.0～20.1
土地利用、土地利用变化和林业	−9.93	−21.2～21.2
废弃物处理	1.32	−23.7～23.7
综合不确定性	—	−5.3～5.5

第四章　2005 年国家温室气体清单信息

一、2005 年温室气体清单的回算

随着估算方法的不断改进、计算范围的适时拓展和基础数据的必要更新，清单编制机构对 2005 年的温室气体清单采用与 2010 年相同编制方法的部分又进行了回算。

回算后的 2005 年能源活动清单新增报告内容包括除电力部门外固定源的甲烷和氧化亚氮排放、能源平衡表中"其他能源"品种所包含的化石碳排放，以及石油天然气勘探环节的甲烷逃逸排放、农村生活的沼气燃烧和生物质发电（农林废弃物、沼气、生物成因固体垃圾）的甲烷和氧化亚氮排放。同时，根据第三次经济普查对 2005 年能源生产和消费数据的调整，更新了 2005 年国家能源活动温室气体清单的活动水平数据。此外，道路交通的甲烷和氧化亚氮排放也采用高层级方法进行了回算。

回算后的 2005 年工业生产过程清单中，非金属矿物制品生产增加了玻璃生产过程二氧化碳排放，化学工业生产增加了纯碱生产过程二氧化碳排放，金属制品生产增加了铁合金生产过程二氧化碳和甲烷、镁冶炼过程二氧化碳、铅锌冶炼过程二氧化碳排放。

回算后的 2005 年农业清单中增加了秸秆田间焚烧甲烷和氧化亚氮排放。另外，中国于 2007 年开展了第二次农业普查活动，国家统计局根据普查结果又重新修订了 2000—2006 年的畜牧业数据。因此利用修订后的 2005 年猪、牛、羊年末存栏量数据更新了原有的活动水平数据。

回算后的 2005 年土地利用、土地利用变化和林业清单采用《IPCC 林业优良做法指南》编制，相应地扩大了清单报告范围，增加了农地、草地、湿地、建设用地和其他用地的排放或吸收信息。

回算后的 2005 年废弃物处理清单中增加了城市生活垃圾生物处理的甲烷和氧化亚氮排放，以及废弃物焚烧处理的甲烷和氧化亚氮排放。

二、2005 年温室气体清单回算结果

（一）概述

2005 年中国温室气体排放总量（包括 LULUCF）约为 72.49 亿吨二氧化碳当量（表 2-15），其中二氧化碳、甲烷、氧化亚氮和含氟气体所占的比重分别为 77.0%、14.4%、6.9% 和 1.7%；土地利用、土地利用变化和林业领域的温室气体吸收汇约为 7.66 亿吨二氧化碳当量，若不包括土地利用、土地利用变化和林业，2005 年中国温室气体排放总量约为 80.15 亿吨二氧化碳当量，其中二氧化碳、甲烷、氧化亚氮和含氟气体所占比重分别为 79.6%、12.6%、6.2% 和 1.6%。

表 2-15   2005 年中国温室气体排放总量   单位：亿 t 二氧化碳当量

	二氧化碳	甲烷	氧化亚氮	氢氟碳化物	全氟化碳	六氟化硫	合计
总量（包括 LULUCF）	55.78	10.46	5.00	1.09	0.06	0.10	72.49
1. 能源活动	56.65	4.97	0.81				62.43
2. 工业生产过程	7.13	NE	0.33	1.09	0.06	0.10	8.71
3. 农业活动		4.31	3.57				7.88
4. 土地利用、土地利用变化和林业	−8.03	0.37	NE，IE				−7.66
5. 废弃物处理	0.03	0.81	0.29				1.13
总量（不包括 LULUCF）	63.81	10.09	5.00	1.09	0.06	0.10	80.15

注：1. 阴影部分不需填写。

2. 0.00 表示数值小于 0.005。

3. NE（未计算）表示对现有源排放量和汇清除没有计算；IE（列于他处）表示此排放源在其他子领域计算和报告。

4. 由于四舍五入的原因，表中各分项之和与总计可能有微小的出入。

（二）二氧化碳排放

能源活动和工业生产过程是中国二氧化碳排放的主要来源。2005 年中国二氧化碳

排放量为（不包括 LULUCF）63.81 亿吨，其中能源活动排放 56.65 亿吨，占 88.8%；工业生产过程排放 7.13 亿吨，占 11.2%；废弃物处理排放 0.03 亿吨，份额微小。土地利用、土地利用变化和林业活动吸收二氧化碳 8.03 亿吨，2005 年中国二氧化碳排放量（包括 LULUCF）为 55.78 亿吨。

（三）甲烷排放

中国甲烷排放主要来源于能源活动和农业活动。2005 年中国甲烷排放量为 4 981.1 万吨，相当于 10.46 亿吨二氧化碳当量，其中能源活动排放占 47.5%，农业活动排放占 41.2%，废弃物处理排放占 7.7%，土地利用、土地利用变化和林业排放占 3.5%。

（四）氧化亚氮排放

中国氧化亚氮排放主要来源于农业活动和能源活动。2005 年中国氧化亚氮排放量为 161.3 万吨，相当于 5.00 亿吨二氧化碳当量，其中农业活动排放占 71.4%，能源活动排放占 16.2%，工业生产过程排放占 6.6%，废弃物处理排放占 5.9%。

（五）含氟气体排放

2005 年中国含氟气体排放来自工业生产过程，排放量约为 1.25 亿吨二氧化碳当量。

三、趋势分析

2005—2010 年中国温室气体排放在包括与不包括土地利用、土地利用变化和林业的两种情况下，年均增长率分别为 5.7% 和 5.6%（表 2-16）。工业生产过程排放量年均增长幅度最高，达到 8.4%，农业部门最低，仅为 1.3%。在包括土地利用、土地利用变化和林业的情况下，中国的二氧化碳排放量年均增长率为 6.7%，在不包括土地利用、土地利用变化和林业的情况下，中国的二氧化碳排放量年均增长率为 6.5%（图 2-6）。

表 2-16　2005—2010 年中国温室气体排放变化

	2005 年/ 亿 t 二氧化碳当量	2010 年/ 亿 t 二氧化碳当量	年均增长率/ %
总量（包括 LULUCF）	72.49	95.51	5.7
1. 能源活动	62.43	82.83	5.8
2. 工业生产过程	8.71	13.01	8.4
3. 农业活动	7.88	8.28	1.0
4. 土地利用、土地利用变化和林业	−7.66	−9.93	5.3
5. 废弃物处理	1.13	1.32	3.3
总量（不包括 LULUCF）	80.15	105.44	5.6

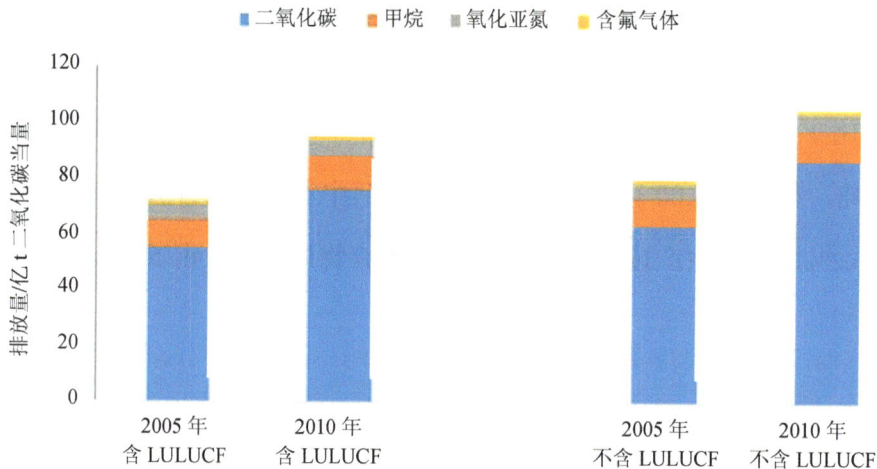

图 2-6　2005—2010 年温室气体排放

2005—2010 年，中国温室气体排放的增长主要是由于能源活动二氧化碳排放量的快速增加，2010 年能源活动二氧化碳排放量比 2005 年增长了 34.6%。化石燃料消费量的持续增长是二氧化碳排放量增长的主要原因，在这 5 年中煤炭、石油和天然气的消费量分别增长了 43.4%、35.5%和 131.8%。

同期，中国在能源结构优化和能源效率提高方面所取得的成效也部分地抵消了二氧化碳的增量。2010 年单位国内生产总值二氧化碳排放量（全口径，不包括 LULUCF）比 2005 年下降了 20%。

第五章 未来二氧化碳排放变化趋势

一、范围与信息来源

中国未来二氧化碳量情景范围为能源活动碳排放、主要行业工业生产过程二氧化碳排放和森林生长可吸收二氧化碳量，具体估算方式如下：

二氧化碳排放总量=能源活动碳排放量+主要行业工业生产过程碳排放量-
森林生长碳汇增加量

未来能源活动碳排放的主要信息来源为国家发展改革委、国家能源局印发的《能源生产和消费革命战略（2016—2030）》和清华大学、国家发展改革委能源研究所、国家信息中心、国网能源研究院、中国石油经济技术研究院、中国石化经济技术研究院和国际能源署（IEA）等机构的模型情景分析结果。模型包括了自上向下的可计算一般均衡能源经济模型、自下向上的能源系统优化模型和部门分析模型。

中国最主要的工业生产过程二氧化碳排放源是水泥生产过程、石灰生产过程、钢铁生产过程和电石生产过程。根据未来这几个行业活动水平和碳排放因子，估计这些行业工业生产过程产生的二氧化碳排放量。未来行业活动水平数据主要来自清华大学、国家发展改革委能源研究所和国家信息中心研究结果，未来碳排放因子数据主要来自清华大学和相关行业协会的联合研究结果。

未来森林生长碳汇增加量以中国第七次和第八次森林资源清查数据为基础，建立单位面积蓄积-林龄回归生长方程，采用 IPCC 材积源-生物量法，结合各省（区、市）各优势树种不同龄级的面积数据，估算 2010—2030 年全国及部分地区乔木林分起源碳汇潜力和全国净增汇量。未来森林生长碳汇增加量数据主要参考了北京林业大学的研究结果。

二、情景假设

中国作为发展中国家，在 2030 年之前，如果 GDP 年均增长率为 5%～7%，则 2030 年人均 GDP 仍可能低于 1.5 万美元，相应的能源消费与二氧化碳排放量还将持续增长。除了经济发展速度，影响未来能源消费量与二氧化碳排放量的主要因素还涉及以下几个方面。

产业结构：中国目前处于后工业化时期，但是第二产业能耗比重仍然偏大，其中钢铁、有色金属、建材、石化、化工和电力六大高耗能行业的能源消耗量占工业总能耗的比重一直高于 70%。在 2030 年之前，通过产业结构转型升级、抑制高耗能产业过快增长，产业结构不断优化调整，中国第三产业的比重将不断提高，第二产业比重将逐渐下降。

人口增长与居民消费：2000—2015 年，中国人口年均增长超过 700 万人，城镇化率平均每年提高约 1.3 个百分点。在 2030 年之前，中国处于城镇化快速发展期，并且中国人口还将缓慢持续增长。随着人口规模的增长、城镇化水平的提高以及居民生活水平不断改善，中国未来人均生活能源消费、生活能源消费总量将持续提高。

能源结构：2000—2015 年，煤炭在能源消费总量中所占的比重下降，非化石能源比重稳步提高。2030 年之前，中国将通过大力发展新能源与可再生能源，力争使非化石能源在能源消费总量中的比重在 2020 年达到 15%以上，并在此基础上持续改善能源结构。

技术水平：2000—2015 年，尽管中国单位 GDP 能耗已经有较大幅度下降，中国高耗能产品的单位产品能耗总体高于国际先进水平。在 2030 年之前，通过鼓励增加研发投入和加强技术革新，突出抓好工业、建筑、交通、公共机构等重点领域节能，继续推广先进节能技术和产品，大力推进节能降耗等措施。

基于国家发展改革委、国家能源局印发的《能源生产和消费革命战略（2016—2030）》和清华大学、国家发展改革委能源研究所、国家信息中心、国网能源研究院、中国石油经济技术研究院、中国石化经济技术研究院等机构的研究结果，本章梳理出有关中国未来能源活动碳排放的三个情景：参考情景、政策情景Ⅰ和政策情景Ⅱ。

参考情景：考虑推动经济转型升级的经济政策和自发能效提高，没有对未来的碳排放加以硬性控制约束，未来单位GDP碳排放年均下降率约为3%。假定2030年中国总人口在14.5亿人左右；2015—2020年年均GDP增速约为6.5%，2020—2025年GDP增速降至约6%，2025—2030年GDP增速进一步下降到约5%；三产比例到2020年达到55%左右，到2030年超过60%；在工业生产过程领域，水泥、石灰、粗钢、电石等生产过程的单位产品工业过程碳排放因子略有下降，并延续现有的淘汰落后、去存量、去产能措施。碳汇领域，以第八次森林资源清查的森林面积、森林管理措施等为基线情景。

政策情景Ⅰ：在考虑推动经济转型升级的经济政策基础上，对未来的碳排放加以硬性控制约束，未来单位GDP碳排放年下降率为4%～5%。人口假定与参考情景相同。能源领域的具体政策措施包括较高的低碳技术推广比例、严格的节能标准、积极的可再生能源和天然气鼓励政策、引入全国碳排放权交易体系等。在工业生产过程领域，由于原材料化学成分变化空间较小，因此水泥、石灰、粗钢、电石等生产过程的单位产品工业过程碳排放因子假设同参考情景，但考虑采取严格的淘汰落后产能的措施。在碳汇领域，考虑对宜林荒山荒地实施造林绿化、对低效林和次生林进行改造，以及改善森林管理等林业政策及增汇措施。

政策情景Ⅱ：在考虑推动经济转型升级的经济政策基础上，对未来的碳排放加以硬性控制约束，未来单位GDP碳排放年下降率为5%～6%。人口假定与参考情景相同。在类别上，政策情景Ⅱ下的能源领域政策措施与政策情景Ⅰ基本相同，但在政策实施强度上有明显的提高。在工业生产过程领域，水泥、石灰、粗钢、电石等生产过程的单位产品工业过程碳排放因子假设不变，但采取更严格的淘汰落后产能和限制产能扩张的措施。在碳汇领域，考虑到宜林荒山荒地面积及林木生长特点的限制，在政策情景Ⅰ的基础上，进一步增加森林面积及改善森林管理的措施。

三、不同情景下的能源消费与碳排放

在参考情景下，到2020年，中国能源消费总量将上升到48亿～52亿吨，中国能源活动二氧化碳排放量持续上升并将达到 106 亿～109 亿吨；水泥、石灰、粗钢、电石的工业生产过程二氧化碳排放量为 10.0 亿～11.1 亿吨，森林生长净碳汇量为 5.0 亿～5.5 亿吨，考虑工业生产过程排放和森林增汇效果后的二氧化碳总排放量为 111 亿～115 亿吨。到 2030 年，中国能源消费总量将达到 58 亿～63 亿吨，中国能源活动二氧化碳排放量将持续上升到 120 亿～129 亿吨；水泥、石灰、粗钢、电石的工业生产过程二氧化碳排放量为 7.0 亿～7.8 亿吨，森林生长净碳汇量为 3.9 亿～4.3 亿吨，考虑工业生产过程排放和森林增汇效果后的二氧化碳总排放量为 123 亿～133 亿吨。

在政策情景 I 下，到 2020 年，中国能源消费总量为 47 亿～51 亿吨，中国能源活动二氧化碳排放量为 98 亿～105 亿吨；水泥、石灰、粗钢、电石的工业生产过程二氧化碳排放量为 9.7 亿～10.7 亿吨，森林生长净碳汇量为 5.4 亿～6.0 亿吨，考虑工业生产过程排放和森林增汇效果后的二氧化碳总排放量为 102 亿～110 亿吨。到 2030 年，中国能源消费总量上升到 56 亿～62 亿吨，中国能源活动二氧化碳排放量为 105 亿～115 亿吨；水泥、石灰、粗钢、电石的工业生产过程二氧化碳排放量为 6.9 亿～7.7 亿吨，森林生长净碳汇量为 4.7 亿～5.2 亿吨，考虑工业生产过程排放和森林增汇效果后的二氧化碳总排放量为 107 亿～117 亿吨。

在政策情景 II 下，到 2020 年，中国能源消费总量为 46 亿～50 亿吨，中国能源活动二氧化碳排放量为 96 亿～100 亿吨；水泥、石灰、粗钢、电石的工业生产过程二氧化碳排放量为 9.3 亿～10.3 亿吨，森林生长净碳汇量为 5.4 亿～6.0 亿吨，考虑工业生产过程排放和森林增汇效果后的二氧化碳总排放量为 100 亿～104 亿吨。到 2030 年，中国能源消费总量为 55 亿～60 亿吨，中国能源活动二氧化碳排放量为 98 亿～106 亿吨；水泥、石灰、粗钢、电石的工业生产过程二氧化碳排放量为 6.8 亿～7.5 亿吨，森林生长净碳汇量为 4.7 亿～5.2 亿吨，考虑工业生产过程排放和森林增汇效果后的二氧化碳总排放量为 100 亿～108 亿吨。

图 2-7 显示了三种情景下中国未来能源活动二氧化碳排放的趋势。

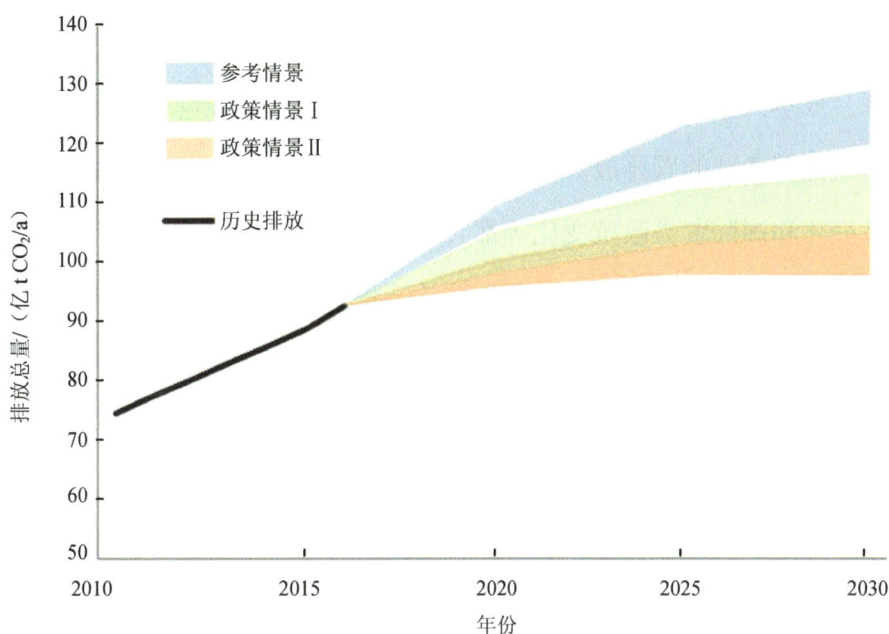

图 2-7　2010—2030 年三种情景下中国二氧化碳排放总量变化

四、不确定性分析

中国已经并将继续采取各种强有力的政策措施，努力实现 2020 年单位 GDP 二氧化碳排放下降目标、非化石能源发展目标以及 2030 年前后二氧化碳排放达峰等控制温室气体排放目标。但是，从现有的二氧化碳排放情景研究结果看，未来中国二氧化碳排放有比较大的不确定性。

情景分析是对未来各种环境、社会及经济状况的一种定性或定量的描述，而并不是对未来的预测或预报。国内外不同研究机构对中国未来的能源与二氧化碳排放情景进行了研究，结果表明，由于中国经济发展速度仍处于较高水平，中国未来能源与二氧化碳排放的不确定性要大大高于发达国家。

中国未来二氧化碳排放不确定性主要涉及三个方面，即经济社会发展不确定性、技术不确定性和政策不确定性。其中，最大的不确定性来自未来经济增长速度。例如，如果 2015—2030 年 GDP 年均增速增加或减少 1 个百分点，2020 年相应二氧化碳排放总量会相应增加或减少 5%左右，2030 年相应二氧化碳排放总量会相应增加或减少 10%以上。其次是技术的不确定性。技术是决定未来能源格局的重要因素之一，特别是一些关键的低碳技术。如果支撑储能、分布式能源、智能电网发展等关键技术能够取得突破并且成本大幅降低，整个能源系统的效率和可再生能源比重会大幅提高，从而会大大降低能源活动的碳排放。最后是政策的不确定性，可再生能源政策变化、财税金融政策变化和国际贸易政策变化等都会对中国二氧化碳排放总量有较大的影响。此外，采用的模型方法不同，其二氧化碳排放情景结果也存在一定差异。

第三部分

气候变化的影响与适应

　　气候变化已经并将继续对中国自然环境和社会经济产生重要影响。中国政府高度重视适应气候变化，制定了《国家适应气候变化战略》，出台了行业适应气候变化政策，采取有效行动以增强适应气候变化的能力。

第一章　气候变化特征和趋势

近百年来，中国的气候发生了较为显著的变化，其中气温、降水、日照、风速和极端气候事件等均呈现出一定程度的变化趋势。

一、气候变化特征

（一）气温

近百年来，中国年平均地面气温升高 1.15℃（图 3-1），升高速率为 0.10℃/10 年，与全球大陆平均增温趋势接近。20 世纪中期以来，中国年平均气温上升趋势越发明显，1951—2016 年，中国年平均气温上升速率达到 0.23℃/10 年。但剔除城市化影响以后，近半个世纪的中国气候变暖与全球陆地平均水平接近。

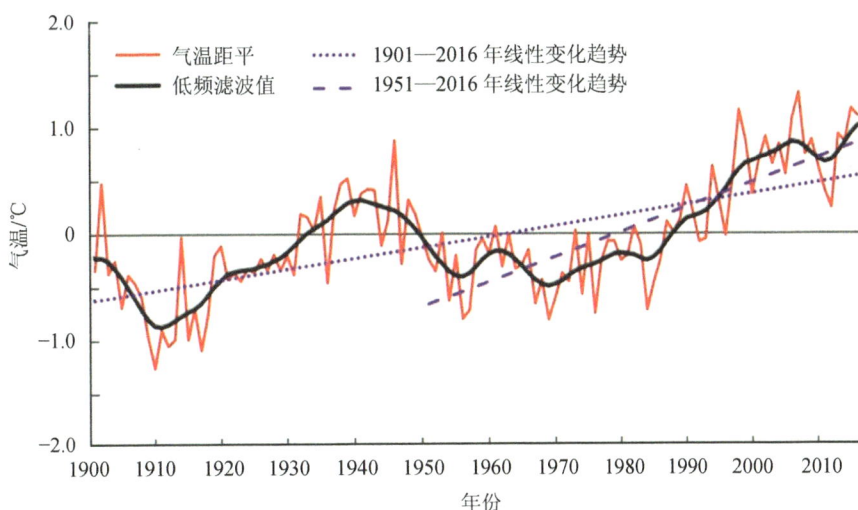

图 3-1　1901—2016 年中国年平均地面气温变化

注：图中的气温距平是指相对 1971—2000 年平均的差值。

20 世纪中期以来，中国气候变暖具有一定的区域性差异。东北地区、华北北部、西北地区和青藏高原增温最为明显；西南地区、四川盆地、秦巴山地和华北平原南部升温趋势则较弱。

随着全球变暖滞缓，中国年平均气温近十几年也出现了变暖速率降低现象，但夏季气温仍以上升为主，青藏高原年平均气温上升势头未减。气候变暖滞缓可能主要受气候系统内部自然变率的影响。

（二）降水

20 世纪中期以来，中国年降水量呈一定程度的上升趋势。不同区域降水量变化趋势不一致，西北地区年降水量显著增多；青藏高原东部、东北地区北部、江淮、江南、华南地区降水量有所增加；华北地区、东北南部和西南地区降水则明显减少。进入 21 世纪以来，中国降水量减少区域有从华北地区向华中地区和西南地区迁移的趋势，西南地区近十余年降水量则显著减少。

中国降水变化表现出明显的季节性。20 世纪中期以来，冬季降水量明显上升，秋季降水量下降，夏季降水量则出现了南涝北旱现象。中国降水量长期变化的原因可能主要与气候的多年代尺度自然变率有关。

（三）其他气候要素

20 世纪中期以来，中国的日照时间（图 3-2）或太阳辐射呈明显的下降趋势，在华北地区和长江中下游地区尤为显著，其中 20 世纪 90 年代初之前下降最为剧烈，此后大致稳定在较低水平。日照时间或太阳辐射的减少主要与人类活动排放的各类污染物有关。

20 世纪中期以来，中国近地面平均风速呈明显下降趋势，20 世纪 70 年代初—20 世纪末的 30 年间下降趋势尤为显著，进入 21 世纪以来下降趋势减弱，但仍然维持在弱风速阶段。近地面平均风速下降在东部地区比较明显。中国地面风速下降主要是局地城市化和观测环境变化造成的，并不能完全归因于全球气候变暖。

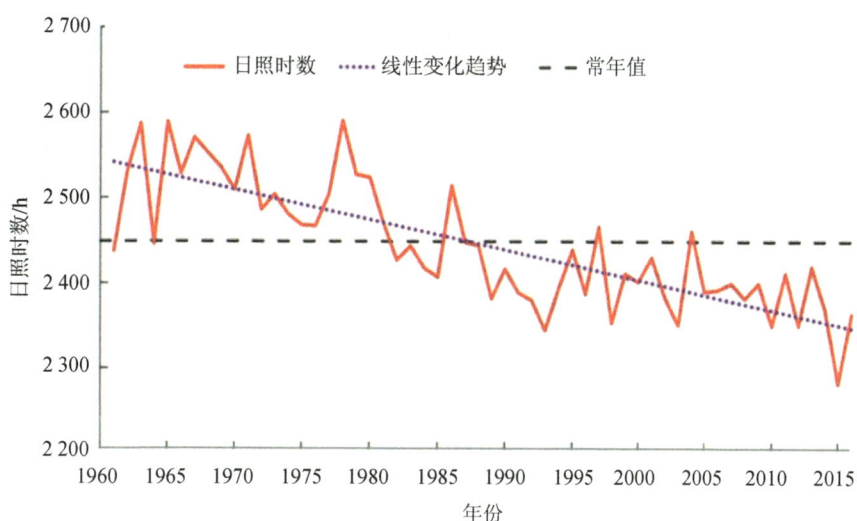

图 3-2 1961—2016 年中国年日照时数变化

数据来源：《中国气候变化监测公报（2016 年）》。

二、极端气候事件变化

（一）极端冷暖事件

20 世纪中期以来，中国极端气候变化特征与全球基本一致，极端低温事件频率显著减少，极端高温事件明显增加。总体来看，东部高温热浪事件的频率有所增加，东南部和华北地区增加明显。极端气温事件和破纪录气温事件（尤其是日最低气温）频率的长期变化与气候变暖趋势的分布一致，在北方地区较为明显。

（二）极端强降水事件

20 世纪中期以来，中国年暴雨日数明显增加，极端强降水日数和降水量有增强的趋势；1 日最大降水量、连续 3 日和连续 5 日最大降水量均呈现出一定程度的上升趋势，其中 1 日最大降水量明显增加（图 3-3）。值得注意的是，2010 年以来，1 日最大降水量、连续 3 日和连续 5 日最大降水量超过平均水平的 10% 左右，为近 60 年来最高。

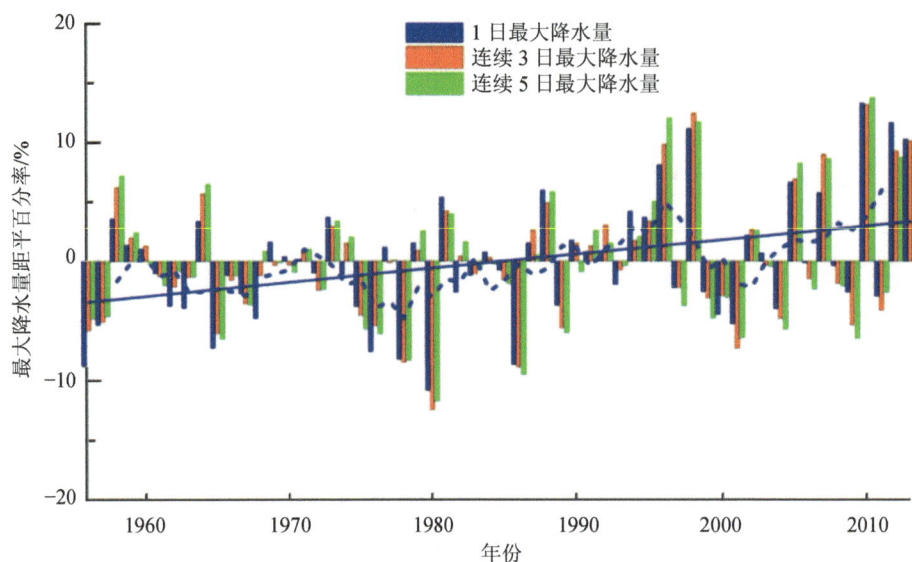

图 3-3　1956—2016 年中国每年 1 日最大降水量、连续 3 日和连续 5 日最大降水量变化

注：蓝虚线是 1 日最大降水量的 3 年滑动平均值；蓝直线是 1 日最大降水量的线性趋势。

20 世纪中期以来，年暴雨日数在东北西部、华北地区至四川盆地一带呈减少趋势，长江中下游到华南地区一带呈增加趋势。暴雨日数的变化主要反映夏季情况，冬季东北、西北等部分地区强降雪事件频率也有一定程度的增加。

（三）气象干旱

20 世纪中期以来，中国区域性气象干旱事件频数变化不大，总体上略有增加，但趋势并不明显（图 3-4）。西北地区气象干旱频数和面积有所下降，华北和东北南部地区气象干旱频数和面积开始减少，而西南地区气象干旱问题开始显现。

（四）热带气旋/台风

20 世纪中期以来，西北太平洋地区生成的热带气旋个数或台风个数呈减少趋势（图 3-5），主要与热带太平洋表层海温的年代尺度变异有关。同期热带气旋登陆造成的中国内地地区降水累积量也呈下降趋势。

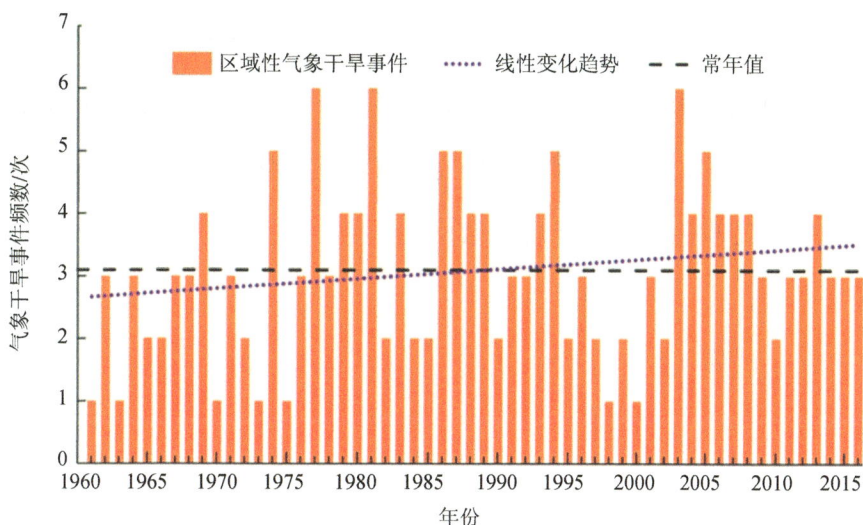

图 3-4　1961—2016 年中国区域性气象干旱事件频数变化

数据来源：《中国气候变化监测公报（2016 年）》。

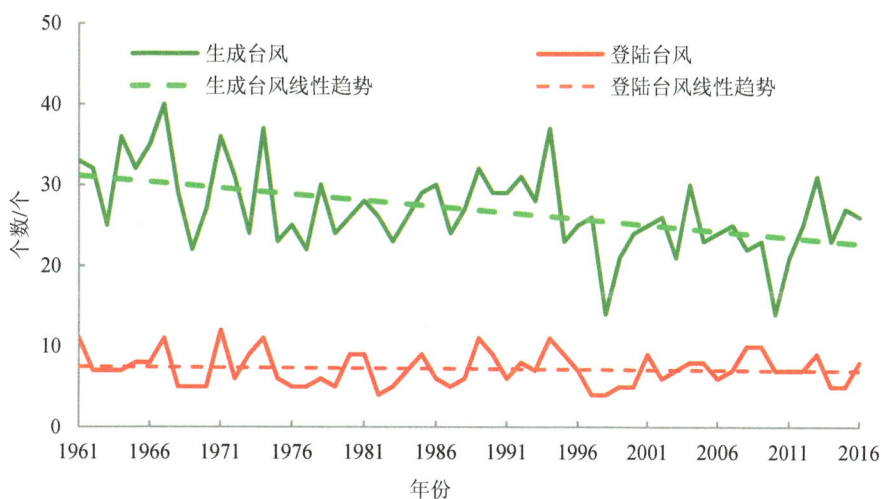

图 3-5　1961—2016 年西北太平洋地区生成和登陆中国的热带气旋（台风）个数

数据来源：《中国气候变化监测公报（2016 年）》。

（五）强风与沙尘暴

20 世纪中期以来，特别是 70 年代以来，中国北方的沙尘天气频率出现明显下降，强沙尘暴天气频数显著减少。1999—2012 年北方异常干旱期间，沙尘天气事件有所增加，但没有退回到 20 世纪 60 年代和 70 年代的水平。北方沙尘天气明显减少主要与近地面平均风速和大风日数显著下降、沙尘源区（西北地区和内蒙古中西部等地区）降水量有所增加有关。平均风速和大风日数的显著下降，大部分是由于气象观测站附近的城市化影响引起的，部分是因为大尺度大气环流变化，三北防护林建设和生态恢复工程可能也在一定程度上减弱了局地风速。

三、未来气候变化

（一）气温和降水

在不同代表性温室气体浓度情景（RCP情景）下，多个全球气候模式模拟结果表明，未来不同时期中国年平均气温将持续上升。2011—2100年，在大气温室气体浓度的低、中、高三种情景下，中国平均增温趋势分别约为0.08℃/10年、0.26℃/10年和0.61℃/10年。相对1986—2005年，到21世纪末（2081—2100年平均），高浓度情景下中国平均气温可能增加5.0℃左右，而低浓度和中浓度情景下中国平均气温将分别增加1.3℃和2.6℃。

不同浓度情景下，中国各地区年平均气温都表现为增加趋势，增温幅度具有一定区域性特征。总体上从东南地区向西北地区逐渐变大，北方地区增温幅度大于南方地区，青藏高原地区、新疆北部及东北部分地区增温较为明显。

不同浓度情景下，中国年降水量将持续增加（表3-1）。2011—2100年，在低、中、高三种情景下，中国降水量增加趋势分别为0.6%/10年、1.1%/10年和1.6%/10年。中国降水量的增加幅度明显高于全球平均水平。在低浓度和高浓度情景下，到2100年降水可能比1986—2005年分别增加5%和14%。就降水变化的空间分布而言，未来各时期大部分地区的降水都表现为增加，且西北地区、华北地区和东北地区增加幅度较大。

表 3-1　全球气候模式预估的中国未来降水量变化（相对 1986—2005 年）

单位：%

温室气体浓度情景	年份		
	2040	2070	2100
低	1.0	3.0	5.0
中	2.0	5.0	8.0
高	2.5	7.5	14.0

数据来源：《第三次气候变化国家评估报告》。

（二）极端气候事件

根据全球和区域气候模式，未来不同浓度情景下，中国极端气温事件呈现出较为明显的变化，高温事件增加，低温事件减少，极端强降水事件在多数地区可能会增多和增强。

（三）气候预估的不确定性

全球气候模式在再现真实气候特征和气候变化趋势上，还存在一些不足，当前模式的模拟能力还有待提高。因此，利用全球气候模式预估未来气候变化趋势，仍存在一定的不确定性；对于较小的区域和较近的将来，以及在极端气候趋势变化上，全球气候模式预估结果的可信度比较低，需要今后进一步深化研究。

第二章　气候变化影响与脆弱性评估

气候变化已经并将继续对中国生态和社会经济产生重要影响，且以不利影响为主。未来气候变化对中国的影响将会更加广泛，且农业、水资源、生态系统、海岸带及近海生态系统、人群健康是相对脆弱的行业或领域。

一、气候变化对农业的影响及其脆弱性

气候变化对中国农作物种植制度、病虫害的发生发展和危害、农作物的生长发育和产量等都产生了显著的影响。

（一）气候变化对农业影响的事实

1. 气候变化对农业气候资源和种植制度的影响

中国农业气候资源发生了显著变化。与 1961—1980 年相比，1981—2007 年中国年均气温增加了 0.6℃，大于等于 0℃和 10℃的积温分别增加了 123℃·日和 126℃·日。21 世纪最初 10 年与 20 世纪 60 年代相比，小麦、玉米和水稻生育期内平均温度分别增加了 1.1℃、0.8℃和 0.8℃，日照时数分别减少了 84.2 小时、97.4 小时、115.7 小时。

中国农业热量资源增加，作物种植北界北移。东北地区的水稻、华北和西北地区的冬小麦、东北和西北地区的玉米种植北界北移。多熟种植北界向高纬度和高海拔地区扩展。与 1950—1980 年相比，1981—2007 年中国一年两熟、一年三熟种植北界北移趋势明显，冬小麦和双季稻种植北界北移西扩，单季水稻适宜种植面积降低 11%，三季稻中早稻、中稻和晚稻的适宜种植面积分别增加 3%、8%和 10%。

2. 气候变化对农业病虫害的影响

病虫害的危害程度有明显加重趋势，防控难度加大。气候变暖造成主要农作物病虫繁殖代数增加；病虫害发生北界北移、海拔上限高度提升，危害范围扩大。1961—2010 年，全国作物病害发生面积由 0.15 亿公顷次增加到 1.24 亿公顷次，虫害发生面积由 0.43 亿公顷次增加到 2.46 亿公顷次。根据温度、日照时数与病害、虫害发生面积的线性拟合得出，作物生育期内平均气温增加 1℃，中国小麦、玉米、水稻病虫害发生面积分别增加 2 850 万公顷次、1 760 万公顷次、5 940 万公顷次；日照时数每减少 100 小时，中国小麦、玉米、水稻病虫害发生面积分别增加 2 750 万公顷次、1 430 万公顷次、5 340 万公顷次。

3. 气候变化对粮食产量的影响

气候变化对中国主要粮食作物的影响因作物和区域而表现不同。气候变化对小麦、玉米和双季稻生产存在不利影响，而对单季稻生产却有正面影响。1961—2010 年，作物生育期内平均气温升高导致全国冬小麦、玉米、双季稻的单产分别减少 5.5%、3.4% 和 1.9%，单季稻产量增加 11%。气候变化对冷凉地区农业生产有正面影响，近 30 年东北地区水稻、玉米产量显著增加。气候变化对易受干旱影响地区农业生产有不利影响。辐射量降低也是影响作物产量的重要因素，1981—2009 年，辐射量降低导致稻麦轮作系统产量下降 1.5%～8.7%。

4. 农业生产对气候变化的脆弱性

中国农业生产对气候变化相对敏感且比较脆弱。在粮食主产区，超过 50% 的耕地中至少有一种作物产量呈下降趋势；在黄土高原地区、东北地区中部、西南地区南部、长江流域部分地区至少有两种作物产量呈下降趋势，全国减产面积占耕地面积的 18.7%。黄土高原地区对于气候变化表现最为脆弱，90% 的耕地表现为一种作物减产，55% 的耕地表现为两种作物减产。

（二）未来气候变化对农业的影响及脆弱性

1．未来气候变化对生育期和种植制度的影响

未来气候变暖将进一步缩短作物生育期。在增温 1℃、2℃和 3℃的情景下，中国玉米生育期将分别缩短 4.3%～13.0%、10.8%～22.5%和12.3%～30.3%，小麦生育期将分别缩短 3.9%、6.9%和 9.7%。气温每升高 1℃，水稻的生育期缩短 4.1～4.4 天。气候变暖将导致中国多熟种植界限继续向高纬度和高海拔地区扩展，在中等温室气体排放情景下[①]，与 1950—1980 年相比，一年两熟种植界限和一年三熟种植界限在 2011—2040 年和2041—2050 年都将不同程度地北移。

2．未来气候变化对农业病虫害的影响

未来气候变暖将使中国大部分农作物病虫害发生频次增加、面积扩大、危害加重。预估害虫春季北迁时间提前，秋季南迁时间推迟，迁飞范围扩大，虫害发生趋势加重。这样会对农作物病菌的越冬和繁殖有利，病害发生地理范围扩大，并使原危害不严重的温凉气候区危害加重，同时喜温型、低温敏感型的病虫害暴发灾变的风险将会明显增加。未来气候变化情景下农作物害虫安全越冬界限北移 1～3.5 个纬度，繁殖代数增加 1～2 个世代。

3．未来气候变化对粮食产量的影响

利用 4 个全球气候模式和作物模型集合预估了增温 1.5℃和 2.0℃情景下对玉米、小麦和水稻产量的影响。如果不考虑二氧化碳肥效，相对于 2006—2015 年，在增温 1.5℃和2.0℃的情景下，中国玉米产量将分别下降 0.1%和 2.6%（图 3-6）。在增温 1.5℃情景下，小麦和水稻产量分别增加 1.2%和 0.7%；但在增温 2.0℃的情景下，小麦和水稻受到负面影响，分别减产 0.9%和 2.4%。在考虑二氧化碳肥效时，相对于 2005—2015 年，在增温 1.5℃情景下，玉米、小麦和水稻产量将分别增加 0.2%、8.6%和 9.4%；在增温 2.0℃的情景下，玉米产量将下降 1.7%，而小麦和水稻产量分别增加 3.9%和4.1%。

[①] IPCC 排放情景特别报告，A1B 情景。

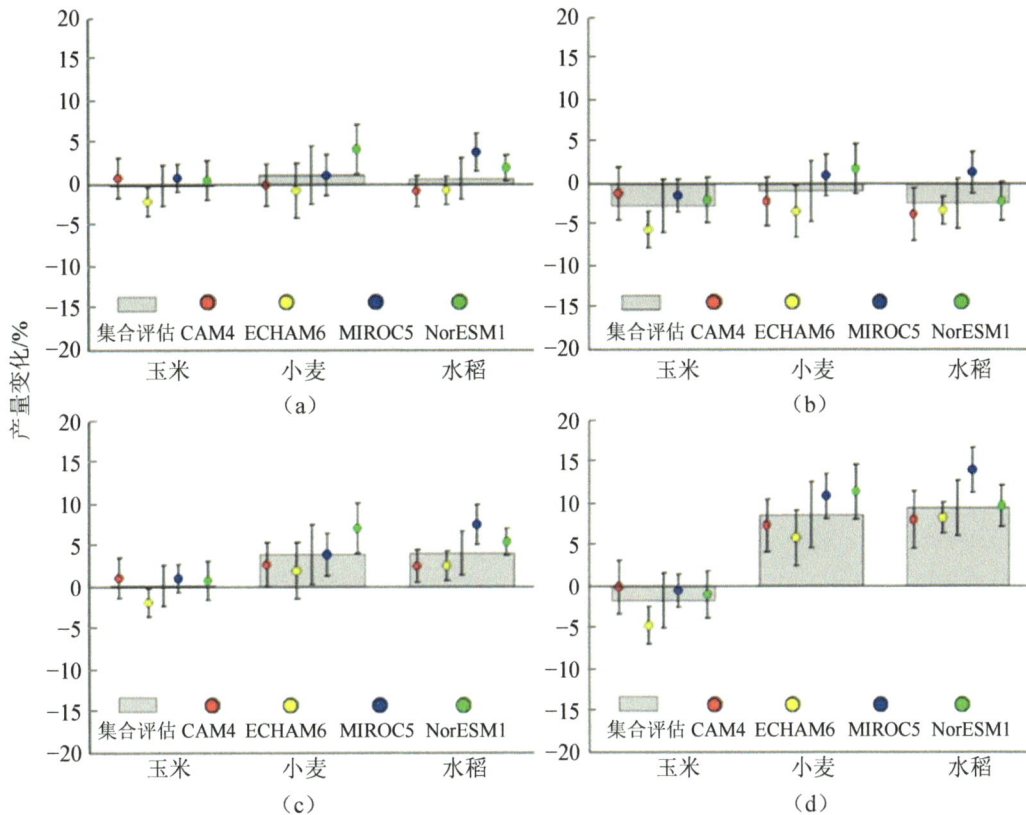

图 3-6　相对于 2006—2015 年，温度升高 1.5℃、2.0℃对中国作物产量的影响

注：温度升高 1.5℃（a、c）；温度升高 2.0℃（b、d）；不考虑二氧化碳肥效（a、b）；考虑二氧化碳肥效（c、d）；误差线为标准误差。

数据来源：Yi Chen，Zhao Zhang，Fulu Tao，et al. Impacts of climate change and climate extremes on major crops productivity in China at a global warming of 1.5 and 2.0℃.Earth Syst. Dynam.，2018（9）：543-562.

二、气候变化对水资源的影响及其脆弱性

（一）气候变化对水资源影响的事实

中国主要江河实测径流量发生了较为明显的变化。与 20 世纪 80 年代以前实测径流量相比，近 30 年来南方河流径流量变化不大，而北方河流（如黄河、海河、辽河等）各控制站均呈减少趋势，其中，海河流域减少最为明显，实测径流量减少 40%～80%，黄河和辽河流域 1980 年之后实测径流量较前期减少了30%以上（图 3-7）。人类活动是北方河流径流量减少的主要原因，人类活动对黄河流域、海河和辽河径流量减少的影响分别为 60%、85%和82%，气候变化因素对黄河流域、海河和辽河径流量减少的贡献分别为 40%、15%和18%。

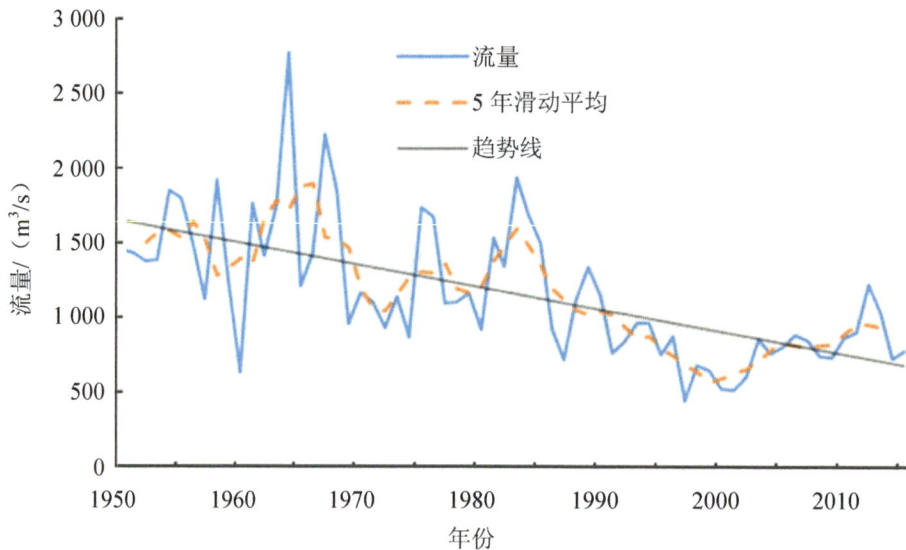

图 3-7   黄河花园口站实测流量变化

积雪、冰川受全球升温影响明显，中国冰川有明显的退缩趋势。20 世纪 60 年代以来，中国约 82% 的冰川处于退缩及消失状态，仅 18% 的冰川呈前进或稳定状态，尤其以青藏高原边缘山地退缩冰川所占比例最大，如喜马拉雅山中段的珠穆朗玛峰绒布冰川末端 1966—1997 年退缩速度为每年 5～8 米，1997 年以来退缩速度加快到每年 7～9 米。2003—2012 年，青藏高原积雪面积季节变化显著，有明显的积雪和融雪季，且近 10 年来总体呈小幅下降的趋势。

（二）气候变化对洪涝、干旱影响的事实

中国区域性洪涝灾害损失有增多趋势。中国东部大江大河 20 世纪 30 年代、50 年代、60 年代、90 年代为暴雨洪水高发期，而 40 年代和 70 年代为低发期，但并未发现年代际变化呈单调上升或单调下降的趋势。近 50 年来暴雨洪水的总体趋势是北方地区减小，南方地区和西部地区增大。但自 2000 年以来，城市洪涝灾害凸显，淮河流域发生流域性洪水概率增大。1981—2015 年珠江流域 23 个典型断面极端洪水发生频次明显增加，尤其是 1990 年以来，重现期大于 10 年的洪水发生次数呈显著增加的趋势。

中国干旱灾害频发，干旱发生频率有增加趋势。近 50 年中国存在一条明显的西南至东北走向的干旱趋势带，中国的东北西南部、华北地区、淮河流域和西南地区是干旱

发生频率和强度较高的地区。1980—2015 年，有 18 年发生过重旱级以上的干旱，平均每两年就要发生一次重旱以上的干旱，其中南方和东部湿润半湿润地区的旱情也在扩展和加重。1980 年后，发生过重旱以上干旱的有 23 个省（区、市），较之前增加了 5 个省（区、市）。

（三）未来气候变化对水资源的影响及脆弱性

气候变化将加剧水文循环，改变水资源的时空分布，增大水资源的脆弱性，为水资源管理和开发利用带来严峻挑战。从空间分布来看，中国水资源脆弱区主要集中在海河流域、淮河流域、黄河流域、辽河流域和西北内陆河流域的部分区域。西南诸河流域大部分区域和长江流域上游地区基本处于不脆弱或低脆弱状态，珠三角地区、长三角地区水资源脆弱性明显高于中部地区。在气候变化和用水需求增加的双重影响下，中国水资源脆弱性呈加剧趋势，到 21 世纪中期，海河流域、黄河流域、淮河流域和松辽流域的水资源脆弱性更加明显；西北内陆河流域水资源脆弱性有所减轻，但总体上水资源脆弱性仍然较重。

气候变化将加剧冰冻圈的脆弱性。未来青藏高原增温显著，积雪日数和积雪深度减少。未来中国冰冻圈对气候变化影响的脆弱性自东向西呈逐渐增加的分布特征，中东部地区主要为微度脆弱区和轻度脆弱区，强度脆弱区和极强度脆弱区主要分布在西藏的部分地区。

三、气候变化对陆地生态系统的影响

（一）气候变化对陆地生态系统影响的事实

1. 森林

近几十年来，气候变化对森林物候、分布、组成、生产力及林火和病虫害等产生了一定影响。东北、华北、西北和青藏高原等区域的植物，春季开始生长日期提前，结束生长日期延迟，生长季延长；兴安落叶松以及小兴安岭及东部山地的云杉、冷杉和红杉等树种的最适宜分布范围发生北移；西南地区、青藏高原东南部部分地区树种分布改变，种群密度呈持续增加趋势；中国亚热带季风常绿阔叶林种群结构发生改变，影响季风常绿阔叶林的碳汇和生态系统服务功能；东北及秦岭森林生物量增加，东北东部边缘、陕西东南部、云南南部、广西东部的净初级生产力显著增加；部分区域森林火险和病虫害增加。

2．草原

近50年来，气候变化对草原物候期、盖度和生产力产生了明显的影响。由于气温升高，内蒙古、青藏高原草原返青期提前，黄枯期推迟，生长季延长。北方草原区的气候暖干化导致牧草产量和载畜量下降，生产力下降幅度最大的是内蒙古中东部和甘肃东南部。西部草原地区的气候暖湿化使牧草产量和载畜量的影响因地区而异，牧草生产力增加最多的是新疆西南部和西藏东部；由于近50年新疆北部和东部以及青海南部的降水量增加较少，牧草产量和载畜量有所下降。

3．湿地

气候变化导致湿地面积减少和功能退化。近45年来，江河源区湿地呈显著退化的趋势，主要表现为面积减少和斑块分离度增大。长江源区典型沼泽草甸和高寒泥炭沼泽的面积分别减少29%和45%；黄河源区的典型沼泽草甸和高寒泥炭沼泽分别减少30%和54%；气温升高是导致高寒湿地退化的主要因素。近50年来，以降水补给为主的湿地面积减少且功能下降，其中西北干旱区湿地面积损失最大，三江平原和长江中下游次之。人为活动是三江平原湿地面积减少的主要驱动因素，温度升高和降水量减少为次要因素。

4．湖泊

气候变化造成湖泊水位和面积发生显著变化。1971—2004年，西藏纳木错湖面积和水量增加，增加速率分别为2.37千米^2/年和2.37亿米^3/年。降水增加及其产生的径流对纳木错湖泊总补给增量的贡献率占47%，而冰川融水增加对湖泊总补给增量的贡献率则高达53%，说明气候变暖引起的冰川融水增加是引起纳木错湖面迅速扩张的主要原因。近40年来（1976—2014年），西藏色林错湖面积呈显著增长的趋势，增幅为42%，年平均增长速率约为18.7千米^2，气温持续升高造成的冰雪融水补给增加可能是导致湖泊面积扩张的主要因素，风速降低造成的湖面蒸发减少为次要因素。

5. 生物多样性

近50年来，在人类活动和气候变化的共同影响下，野生动物和野生植物的分布发生一定程度的变化。部分留鸟和候鸟向北部或西部迁移，一些两栖类动物向西部扩迁移，部分爬行类动物向北部或西部迁移，蝙蝠向西北迁移，个别分布在热带的植物向暖温带或高海拔迁移，部分植物野生近缘种分布改变，部分有害生物范围扩大。野生动植物生物多样性变化的主要驱动因素为人为活动，气候变化为次要因素。

（二）未来气候变化对陆地生态系统影响

1. 森林

未来气候变化对森林分布、功能和灾害将产生明显影响。在未来气候变化情景下，湿润森林界线北移，而寒温带湿润森林将会移出中国东北地区；当温度增加1℃时，大兴安岭北部的落叶松林面积将缩小，落叶针叶林南部边缘北移 1 个纬度；温度升高 2℃时，大兴安岭落叶松林继续北移，落叶松林面积减小，南部边缘北移 1.5 个纬度。气候变化将导致森林净初级生产力发生变化，多模式集合评估结果表明，在低温室气体浓度情景下，森林净初级生产力降低的面积将下降，而在高温室气体浓度情景下，预计2050 年之后森林净初级生产力降低的面积将增加，高风险面积将从5.4%（2021—2050 年）增加到 27.6%（2071—2099 年），风险区域主要集中在南亚热带和热带地区。在中、高温室气体浓度情景下，2021—2050 年中国森林生态系统服务总价值除在少数地区（新疆中部、内蒙古西部、甘肃西北部、西藏东南部以及东北和南方部分森林边缘地区）降低外，在其他地区均增加，增幅表现为东部大于西部、南部大于北部。在未来气候变化情景下，北方森林火灾发生的次数和火烧面积均将增加，防火期明显延长。松材线虫的适宜生境面积逐渐扩大，原来不适于其分布的地区由于气候环境的变化而成为适宜分布的地区，森林病虫害发生的风险增加。

2. 草原

未来气候变化将改变中国草原生态系统的分布格局和生产力。温度升高将导致青藏高原、天山、祁连山等高山草原界线向更高海拔地区位移；受温度升高的影响，与基准年（1961—1992 年）相比，青藏高原的高寒草甸面积减少，高寒草原面积增加，高寒草地生态系统净初级生产力下降；内蒙古西部大部分地区草地生产力下降，东北地区草甸及典型草原草地生产力增加。

3．湿地

未来气候变化将影响湿地的分布和减少湿地面积。与 1961—1990 年相比，2011—2040 年在未来高温室气体浓度情景下，东北三省湿地的气候适宜区大面积消退，湿地退化严重，气候完全适宜区转移到东北三省的南部。未来气候变化将使大兴安岭湿地面积减少和严重退化，到 2050 年约有 30%、2100 年约 60%的湿地将消失。青藏高原高寒湿地的气候适宜区分布发生变化、面积减少，在低温室气体排放情景下，预计 21 世纪中叶青藏高原高寒湿地面积将减少 35.7%，羌塘流域湿地草甸和盐沼都将消失。在未来气候变化情景下，部分湿地的重要功能如固碳、水分涵养、野生动物栖息地生境将面临风险。

4．生物多样性

中国科学家评估了未来气候变化对被子植物、裸子植物、蕨类植物、苔藓植物、鸟类、兽类、两栖类动物、爬行类动物的影响。不同气候情景下[①]，相对于 1951—2000 年的动植物类群适宜分布范围，2026—2050 年的动植物类群适宜分布范围均有所丧失，适宜分布范围丧失 60%以上的物种数量见表 3-2。

表 3-2　气候变化情景下动植物类群适宜分布范围丧失比例及物种数量

动植物类群	评估数量/种	适宜分布范围丧失比例/%	物种数量/种
被子植物	79	≥60	2～4
裸子植物	109	≥60	2～8
蕨类植物	109	≥80	3～11
苔藓植物	115	≥60	4～8
鸟类	114	60～80	1～6
兽类	118	≥80	1～4
两栖类动物	91	≥80	2～6
爬行类动物	115	≥80	1～3

① 为 5 个模式（GFDL-ESM2M、HadGEM2-ES、IPSL-CM5A-LR、MIROC-ESM-CHEM、NorESM1-M）和 4 个气候情景（大气中辐射强度分别为 2.6 W/m²、4.5 W/m²、6.0 W/m² 和 8.5 W/m²）的综合评估结果。

四、气候变化对海岸带和沿海生态系统的影响及其脆弱性

（一）气候变化对海平面和极端海洋事件的影响

1．近 50 年海平面和极端海洋事件观测事实

中国沿海海平面呈波动式上升趋势（图 3-8）。1980—2017 年，中国沿海海平面平均上升速率为 3.3 毫米/年，其中渤海为 3.2 毫米/年、黄海为 3.4 毫米/年、东海为 3.2毫米/年、南海为 3.4 毫米/年，均高于同期全球平均水平。

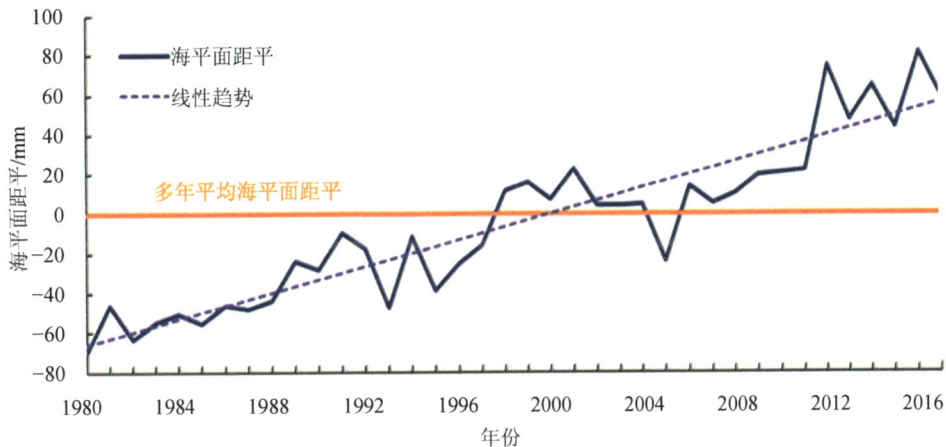

图 3-8　1980—2017 年中国沿海海平面上升趋势

海温呈升高趋势。近 50 年（1962—2011 年），中国近海海区冬季海温增暖最为明显，增暖趋势最大达 0.55℃/10 年，春季为 0.45℃/10 年，秋季为 0.35℃/10 年，夏季为 0.25℃/10 年。

中国沿海风暴潮发生次数呈下降趋势。根据 2005—2017 年国家海洋局中国海洋灾害公报，13 年来，中国沿海风暴潮发生次数平均每年下降 1.2 次，2012—2017 年的下降速率是 2005—2011 年下降速率的 2 倍，但造成灾害的次数没有显著变化。

2．近 50 年中国沿海海岸带灾害演变

近50 年来，河口地区和海岸带地区的海水入侵加剧，异常高海平面和地下水位下

降导致海水入侵程度增大，沿海地区淡水资源遭到严重污染，土壤盐渍化制约了土地资源的有效利用。由于海平面上升和大潮的叠加作用，长江口和珠江口每年遭遇咸潮入侵次数增加，渤海滨海平原地区海水入侵严重，范围较大。

气候变化导致海平面上升、潮差增大，加重了海岸侵蚀的强度。中国 1.8 万多千米的大陆海岸线和 1.4 万多千米的岛屿岸线普遍存在海岸侵蚀灾害，几乎所有开敞的淤泥质海岸和约 70%的砂质海岸在不同程度上均遭受到侵蚀。

海平面上升将严重影响入海河口区域的行洪。中国海岸带海拔普遍较低，尤其是渤海湾、黄河三角洲、长江三角洲和珠江三角洲沿岸。当出现极值水位时，海平面的小幅度上升即可加剧陆地大面积受淹。

3. 气候变化对近海生态系统的影响事实

海平面上升会加剧海水入侵和海岸侵蚀，严重影响沿海地区的生态系统，造成土壤结构和理化性质恶化，生态肥力降低，高产农田变成盐碱荒地，土地资源和植物群落退化，生态系统的服务功能下降。

在海平面升高和围海造地工程的共同影响下，目前中国滨海湿地已遭到严重的破坏，潮间带湿地丧失了 57%，黄海南部和东海沿岸的湿地生态服务功能下降程度已达30%～90%。

受海温上升等因素的影响，中国热带海域出现了珊瑚白化和死亡的现象。2000 年，中国南部和东南沿海均发现了不同程度的珊瑚白化和死亡现象，南海北部湾涠洲岛珊瑚礁白化严重。

综合考虑海平面上升幅度以及区域社会经济环境质量、致灾因子强度、区域抗灾能力等因素，中国黄河、长江和珠江河口生态系统对海平面上升最为敏感。

（二）未来气候变化的潜在影响

1. 海平面升高

预计未来 30 年，渤海沿海海平面上升幅度为 70～150 毫米，黄海为 80～160 毫米，东海为 75～160 毫米，南海为 70～160 毫米[①]。海平面上升将导致中国沿海平均极值水

---

① 预测数据来源于《2017 年中国海平面公报》。

位的重现期显著缩短。以山东省为例，截至 2050 年，百年一遇的极值水位的重现期将变为 10~30 年一遇；截至 2100 年，千年一遇的极值水位重现期将缩短为 10 年一遇。

2. 气候变化对海岸带环境的影响

未来 30 年，长江三角洲、珠江三角洲和黄河三角洲将是受海平面上升影响的主要脆弱区。到 2050 年前后，珠江三角洲、长江三角洲和黄河三角洲等重要沿海经济带因海平面上升被淹没的风险最大，由于海平面上升导致的海水入侵、海岸侵蚀和低地淹没会进一步加剧。

3. 脆弱性和风险分析

通过对近岸陆地高程、海岸防护建筑物等级、风暴潮强度、生态系统等多种因素的综合评估，未来中国受气候变化影响的 5 个主要脆弱区分别为黄河三角洲和渤莱湾沿岸、苏北平原和长江三角洲、珠江三角洲、辽东湾地区以及台湾西岸低地沿海地区。在现有堤防条件下，到 2050 年前后，如果发生历史最高潮位或百年一遇的高潮位，将可能有超过 10 万千米^2 的近岸土地受到影响。

五、气候变化对人群健康的影响

（一）气候变化对人群慢性疾病的影响

气候变化对人类慢性病最直接的影响是极端高温产生的热效应，未来的气候变化情景模式表明这一效应将变得更加频繁、广泛和持续时间更长。以 2013 年夏季中国热浪为例，中国共报告中暑病例 5 758 例，比往年增加近 200%；而在超额死亡方面，在中国中东部 16 个省会城市增加 5 000 多例过早死亡，其中以心血管疾病与呼吸系统疾病及 65 岁以上老年人为主。在气候变化慢性疾病风险评估方面，高温室气体浓度情景下，未来高温导致健康风险更加显著；在不同地区，农村地区人群受气候变化影响更加显著。

（二）气候变化对人群传染性疾病的影响

气候变暖会导致病原性复苏和传播，影响病媒传播疾病媒介和中间宿主时空分布和数量，影响发病和疾病分布。在气候变化情景下，中国未来登革热流行风险区显著北扩，风险人口显著增加。例如，在低温室、高温室气体浓度情景下，中国登革热高风险县（区）数量将由目前的 142 个增加到 2100 年的 228～257 个；高风险人口由目前的 1.68 亿人增加到 2100 年的 2.3 亿～4.9 亿人。另外，气候变化还可能影响海洋环境与地表水的质量，进而影响介水传染病的发生。

（三）人群对气候变化的脆弱性

气候变化将加剧人群健康的脆弱性。在疾病方面，心血管疾病、脑卒中、急性心肌梗死、缺血性心脏病、呼吸系统疾病、慢性阻塞性肺疾病为易受气候变化影响的脆弱疾病；在个体特征方面，高龄老人和婴幼儿为易受气候变化影响的脆弱人群；在地区方面，北方地区的人群由于长期机体适应性的原因，更易受到未来升温的影响，农村地区人群由于缺乏有效应对措施使得暴露风险更高，影响也会更大。

第三章 适应气候变化政策与行动

一、适应气候变化的目标与任务

根据《中华人民共和国国民经济和社会发展第十二个五年规划纲要》（以下简称《"十二五"规划纲要》）、《中华人民共和国国民经济和社会发展第十三个五年规划纲要》（以下简称《"十三五"规划纲要》）和《国家适应气候变化战略》，中国将进一步主动适应气候变化，在城乡规划、基础设施建设、生产力布局等经济社会活动中充分考虑气候变化因素；适时制定和调整相关技术规范标准，实施适应气候变化行动计划；加强气候变化系统观测和科学研究，健全预测预警体系，提高应对极端天气和气候事件的能力；实现到 2020 年适应能力显著增强、重点任务全面落实、适应区域格局基本形成的总体目标。

（一）农业领域

到 2020 年，农作物重大病虫害统防统治率达到 40%以上，农田灌溉用水有效利用系数提高到 0.55 以上，作物水分利用效率提高到 1.1 千克/米^{3}以上，农田有效灌溉面积达到 10 亿亩以上，农村劳动力实用适应技术培训普及率达到 70%。

（二）水资源领域

到 2020 年，全国用水总量力争控制在 6 700 亿米^{3}以内；万元国内生产总值用水量比 2015 年下降 23%，万元工业增加值用水量降低到 65 米^3；基本完成流域面积 3 000 千米^2 及以上的 244 条重要河流治理，城市供水水源地水质基本达标，主要江河湖库水功能区水质达标率提高到 80%。

（三）陆地和沿海生态系统

到 2020 年，森林覆盖率达到 23.04%，森林蓄积量达到 165 亿米^3 以上，森林火灾受害率控制在1‰以下，林业有害生物成灾率控制在 4‰以下；加强"三化"草原治理，实现草原植被综合盖度达到 56%；自然湿地有效保护率达到 60%以上；95%以上的国家重点保护野生动物和 90%以上极小野生植物种类得到有效保护；新增水土流失治理面积 27 万千米^2，沙化土地治理面积达到可治理面积的 50%以上；严格控制围填海规模，自然岸线保有率不低于 35%。

（四）城市领域

到2020 年，全国普遍实现将适应气候变化相关指标纳入城乡规划体系、建设标准和产业发展规划；建设30 个适应气候变化试点城市，典型城市适应气候变化治理水平显著提高，绿色建筑推广比例达到 50%；气候适应型城市试点取得阶段性成果，相关成果经考核验收后进行推广示范。

二、适应气候变化的政策与行动

（一）农业

"十一五"以来，中国发布了《全国农业和农村经济发展"十二五"规划》《全国现代农业发展规划（2011—2015 年）》《全国农业现代化规划（2016—2020 年）》《全国农村经济发展"十三五"规划》《全国农田节水示范活动工作方案》《科学应对厄尔尼诺防灾救灾保丰收预案》等政策文件，积极防范气候变化诱发的地区旱涝不均、病虫害突发、极端气候事件对农业生产的不利影响。各地政府积极发展节水农业，推广旱作农业、抗旱保墒等适应技术；努力改良耕地质量，支持秸秆还田、土壤培肥等适应工作；大力提升农作物育种能力，培育耐高温、抗寒抗旱等适应力强的作物品种。

（二）水资源

"十一五"以来，中国出台了《节水型社会建设"十三五"规划》《全国重要江河湖泊水功能区划（2011—2030年)》《关于实行最严格水资源管理制度的意见》等政策文件，在全国实行最严格水资源管理制度，建立了省、市、县、乡四级河长体系，统筹水资源保护、河湖水域岸线管理、水污染防治、水环境治理、水生态修复和执法监督；在全国加快建设节水型社会，"十二五"期间开展了100个全国节水型社会建设试点和200个省级节水型社会建设试点工作，实施了农业节水增产、工业节水增效、城镇节水降耗等十大节水行动；在全国开展水资源综合治理与保护工作，推进饮用水卫生监督监测，提高城乡供水保障能力，建设了一批洪水风险管理、病险水库除险加固和山洪地质灾害防御的重大水利工程。

（三）陆地生态系统

强化森林生态保护。根据《林业发展"十二五"规划》和《林业发展"十三五"规划》，中国出台了《林业适应气候变化行动方案（2016—2020年)》和林业领域应对气候变化的五年行动要点，增加了耐火、耐旱（湿）、抗病虫、抗极温等树种的造林比例，推广适应气候变化的森林培育经营模式，加大天然林保护力度，加强了火灾、有害生物入侵等森林灾害的监测防控力度，提升了森林系统适应气候变化能力。

促进草原生态良性循环。在《全国草原保护建设利用"十三五"规划》《耕地草原河湖休养生息规划（2016—2030年)》等草原领域的顶层设计中进一步强化适应气候变化因素，努力转变草原畜牧业生产方式，扩大退耕还林还草；"十二五"期间，国家投入了草原生态保护补助奖励政策资金775.5亿元，对12.3亿亩草原实行禁牧封育，对26.1亿亩草原实行草畜平衡管理，每年支持人工种草1.2亿亩。

加强湿地保护和荒漠治理。通过实施湿地恢复与综合治理工程，强化湿地保护，增强湿地储碳能力；通过开展国土绿化、沙区物种保护、荒漠化石漠化监测和土地植被恢复行动，推进了荒漠化、石漠化、水土流失综合治理。

加大生态系统保护力度。推进完成了生态保护红线、永久基本农田、城镇开发边界三条控制线划定工作，优化生态安全屏障体系；健全了耕地草原森林河流湖泊休养生息制度，建立了市场化和多元化的生态补偿机制；初步构建了生态廊道和多样性保护网络，实施了野生动植物保护及自然保护区建设等重大生态保护与修复工程，提升了生态系统质量和稳定性。

（四）海岸带和沿海生态系统

"十一五"以来，中国新修订了《海洋环境保护法》，出台了国家海洋事业发展、海洋观测预报和防灾减灾等方面的规划或行政管理条例，加大了对海洋环境污染的处罚力度，强化了海洋适应气候变化的制度建设；加强了沿海生态修复和植被保护，建设了沿海防护林带、防潮工程，提升了海岸带和沿海生态系统抵御气候灾害的能力；加强了风暴潮、海浪、海冰、海岸带侵蚀等海洋灾害的立体化监测和预报预警，海洋灾害预警发布频率显著提高；发布了海平面上升影响脆弱区评估技术指南，开展了沿海省市等重点区域的脆弱性评估、海平面变化影响调查和海岸侵蚀监测与评价；对中国近海海洋灾害与环境因子长期变化进行了趋势研究，预估了未来气候变化对海洋灾害的可能影响。

（五）人群健康

提高人群健康适应气候变化的保障能力。提升了政府适应气候变化的公共服务能力和管理水平，推进建立健康监测、调查和风险评估制度及标准体系，做好高温天气医疗卫生服务工作；加强了与气候变化密切相关的疾病防控、疫情动态变化监测和影响因素研究，制定了中东呼吸综合征疫情、人感染H7N9禽流感疫情、登革热等与气候变化密切相关的公共卫生应急预案和救援机制；在中国各省（区、市）开展了公共场所健康危害因素监测试点，开展了雾霾天气对人群健康影响的监测，建立了高温热浪与健康风险早期预警系统；加强了适应气候变化人群健康领域研究，组织开展了适应气候变化保护人类健康项目，增强了公众应对高温热浪等极端天气的防护能力。

（六）重点适应区

将全国划分为城市化、农业发展和生态安全三类适应区，统筹考虑了不同区域人民生产生活受到气候变化的不同影响，提出了各有侧重的适应任务。城市化地区在推进城镇化进程中同时提升了城市基础设施适应能力，改善人居环境，保障人民生产生活安全；农业发展地区重点保障了农产品安全供给和人民安居乐业；生态安全地区重点保障了国家生态安全并促进人与自然和谐相处。

三、适应气候变化的进展与成效

（一）农业领域

中国农田有效灌溉面积由 2005 年的 5 500 万公顷提高到 2015 年的 6 580 万公顷，农业灌溉用水有效利用系数由 2005 年的 0.45 提高到 2015 年的 0.53。

（二）水资源领域

中国水资源配置格局进一步优化，截至 2017 年 10 月，南水北调中线一期工程已累计向北方供水 108.58 亿米^3；水安全保障进一步强化，城市污水处理率从 2010 年的 82.3%提高到 2015 年的 90.2%；综合防洪减灾体系进一步完善，"十二五"期间全国初步建成 2 058 个县级山洪灾害监测预警系统和群测群防体系，全国报汛站点增加至 9.7 万个，因洪灾死亡失踪人数为新中国成立以来最少。

（三）陆地和沿海生态系统

重点国有林区天然林全部停止商业性采伐，2015 年全国森林覆盖率达到 21.66%，森林蓄积量达 151 亿米^3；"十二五"期间全国累计完成水土流失综合治理面积 26.6 万千米^2；截至 2017 年年底，全国共建立各级、各类海洋保护区约 270 余处，总面积为 12 万多千米^2，约占管辖海域总面积的 4.13%。

（四）城市领域

28 个气候适应型城市建设试点地区根据国家要求，编写了气候适应型城市建设试点实施方案，组织了当前和未来气候变化影响评估，开展了关键部门和领域气候变化的风险分析，城市气象灾害监测预警和防御系统逐步健全。

第四部分 减缓气候变化的政策与行动

中国政府紧密围绕控制温室气体的目标与任务，通过调整产业结构、优化能源结构、节能和提高能效、控制非能源活动温室气体排放、增加碳汇等有力措施，在减缓气候变化方面取得了积极成效。中国将进一步把应对气候变化纳入经济社会发展规划，把实现国家自主贡献目标作为当前和今后一个时期生态环境建设的重要任务，主动控制温室气体排放，加强机制和体制创新，为保护全球气候做出新的贡献。

第一章　控制温室气体排放目标与行动

中国政府高度重视应对气候变化工作，"十一五"以来采取了一系列强有力的政策措施和行动方案，有效地控制了温室气体排放，推动应对气候变化工作取得了积极进展。

一、中国国家自主行动目标

2009 年中国向国际社会宣布"到 2020 年单位国内生产总值二氧化碳排放量比 2005 年下降 40%～45%，非化石能源占一次能源消费比重达到 15%左右，森林面积比 2005 年增加 4 000 万公顷，森林蓄积量比 2005 年增加 13 亿米³"的国家适当减缓行动。2015 年，中国政府向联合国提交了《国家自主贡献》，提出中国二氧化碳排放量在 2030 年前后达到峰值并争取尽早达峰、单位国内生产总值二氧化碳排放量比 2005 年下降 60%～65%、非化石能源占一次能源消费比重达到 20%左右、森林蓄积量比 2005 年增加 45 亿米³ 左右等自主行动目标。这是中国根据国情采取的自主行动，也为中国长期积极应对全球气候变化工作指明了方向。

二、"十二五"以来的政策与行动进展及成效

2011 年，《"十二五"规划纲要》明确提出了到 2015 年中国控制温室气体排放方面的相关目标，并通过《"十二五"控制温室气体排放工作方案》（以下简称《"十二五"控温方案》）部署了相关政策及行动。

中国综合运用了调整产业结构和能源结构、节约能源和提高能效、增加森林碳汇和制度创新等多种手段，大幅降低了能源消耗强度和二氧化碳排放强度，有效地控制了温室气体排放。

根据所发布的相关统计信息，中国在控制温室气体排放方面取得了以下主要成效：

（1）碳排放强度大幅下降。据初步核算，2010—2015 年，中国单位国内生产总值能源活动二氧化碳排放量累计下降约 22%，超额完成了"十二五"规划目标，为实现 2020 年比 2005 年下降 40%～45% 的目标奠定了坚实基础。

（2）产业结构逐步优化。2010 年，服务业增加值占国内生产总值比重达到 44.1%，比 2005 年提高 2.8 个百分点。2015 年，服务业增加值占国内生产总值比重达到 50.2%，比 2010 年提高 6.1 个百分点，超额完成了"十二五"规划目标。

（3）能源强度显著降低。2005—2010 年，全国单位国内生产总值能耗下降 19.3%，顺利完成了"十一五"既定任务。2010—2015 年，全国单位国内生产总值能耗下降 18.4%，超额完成了"十二五"规划目标。

（4）能源结构不断改进。2010 年，非化石能源占能源消费总量比重为 9.4%，比 2005 年提高 2 个百分点。2015 年，非化石能源占能源消费总量比重为 12.1%，比 2010 年提高 2.7 个百分点，超额完成了"十二五"规划目标。

（5）森林碳汇持续增加。2004—2008 年，全国森林覆盖率提高到 20.36%，森林蓄积量达到 137 亿米^3。2015 年，全国森林覆盖率提高到 21.66%，森林蓄积量达到 151 亿米^3，提前实现了到 2020 年增加森林蓄积量的目标。

三、"十三五"提出的重点目标与任务

为有效落实《"十二五"规划纲要》《国家自主贡献》有关目标，中国政府于 2016 年编制了《"十三五"控制温室气体排放工作方案》（以下简称《"十三五"控温方案》），提出"到 2020 年，单位国内生产总值二氧化碳排放比 2015 年下降 18%，碳排放总量得到有效控制"，"能源消费总量控制在 50 亿吨标准煤以内，单位国内生产总值能源消费比 2015 年下降 15%，非化石能源比重达到 15%"，"森林覆盖率达到 23.04%，森林蓄积量达到 165 亿米^3"等主要目标。

展望"十三五"，中国在控制温室气体排放方面仍面临许多挑战，仍需不断强化

法律支撑、加强政策协同、提升基础能力和做好舆论引导。中国政府将继续加强控制温室气体排放的政策和行动力度，建立健全绿色低碳循环发展的经济体系，构建清洁低碳、安全高效的能源体系，倡导简约适度、绿色低碳的生活方式。在推动单位国内生产总值二氧化碳排放不断下降的同时，使碳排放总量得到有效控制，为实现国家自主贡献目标奠定坚实基础。

第二章　调整经济结构与产业结构

从"十二五"中后期开始，中国经济的发展逐步进入了新常态，经济结构不断优化升级，增长模式也从要素驱动和投资驱动向服务型和创新型拉动转变。但中国的工业部门特别是一些高耗能产业仍占有较大的比重，第三产业的发展仍有待进一步加强。因此，通过调整经济结构与产业结构，可以有效地促进资源和能源的节约利用，有助于实现减缓气候变化的行动目标。

一、"十二五"以来采取的主要政策与行动

2006 年以来，中国政府注重经济结构与产业结构的调整，强化产业政策和规划的导向作用，通过促进经济转型来降低资源和能源消耗，以应对气候变化。《中华人民共和国国民经济和社会发展第十一个五年规划纲要》（以下简称《"十一五"规划纲要》）提出，到 2010 年，服务业增加值占国内生产总值的比重在 2005 年 40.3%[①]的基础上提高 3 个百分点。《"十二五"规划纲要》又提出，到 2015 年，服务业增加值占国内生产总值的比重在 2010 年 43%[②]的基础上再提高 4 个百分点。

（一）加快发展服务业

"十二五"期间，中国政府印发了《服务业发展"十二五"规划》[③④]，加快发展金融服务业、交通运输业、现代物流业、高技术服务业、设计咨询、科技服务业、商务服务业、电子商务、工程咨询服务业、人力资源服务业、节能环保服务业共 11 个领域的生产性服务业，大力发展以商贸服务业、文化产业、旅游业等为主的生活性服务

[①] 由于近几年中国政府对 GDP 数据进行了调整，故此处的《"十一五"规划纲要》制定时的基年数据 40.3%与图 4-1 中所示的更新后数据存在出入。

[②] 由于近几年中国政府对 GDP 数据进行了调整，故此处的《"十二五"规划纲要》制定时的基年数据 43%与图 4-1 中所示的更新后数据存在出入。

[③] 国务院，《服务业发展"十二五"规划》，2012 年。

[④] 国务院，《关于加快发展生产性服务业促进产业结构调整升级的指导意见》，2014 年。

业，并加快提升农村服务业水平。

（二）促进工业内部转型升级

中国政府印发了《工业转型升级规划（2011—2015年）》[①]，提出通过转变工业发展方式，加快实现由传统工业化向新型工业化道路转变；通过全面优化技术结构、组织结构、布局结构和行业结构，促进工业结构整体优化提升。

首先，加快淘汰落后产能、抑制过剩产能是转变发展方式、调整工业内部结构、提高经济增长质量和效益的重大举措，是实现节能减排目标的重要措施。"十一五"期间，中国政府有关部门陆续编制了钢铁等 10 个重点产业的调整和振兴计划，针对电石、焦化等行业制订了详细的淘汰计划，对抑制产能过剩工作提出了相关政策要求[②]。进入"十二五"以后，淘汰落后产能和化解过剩产能工作力度继续加大，针对炼铁、炼钢、焦炭、电解铝、水泥等19个工业重点领域，明确制定了行业淘汰落后产能目标，同时要求各地认真贯彻执行《淘汰落后产能工作考核实施方案》。中国政府还明确地把化解产能严重过剩矛盾作为产业结构调整的重点，提出要着力发挥市场机制作用，完善配套政策，"消化一批、转移一批、整合一批、淘汰一批"过剩产能。

其次，中国政府还通过制定高耗能行业准入标准、提高节能环保准入门槛等系列政策，控制高耗能、高排放行业过快增长，并促进高耗能行业内部结构的优化升级。

（三）培育发展高技术产业和战略性新兴产业

进入"十二五"以后，中国政府在做强做大高技术产业的基础上，大力培育发展战略性新兴产业[③]，重点培育和发展节能环保、新一代信息技术、生物、高端装备制造、新能源、新材料、新能源汽车七大战略性新兴产业。《"十二五"规划纲要》也明确提出了战略性新兴产业的发展理念，并指出：力争到 2015 年，战略性新兴产业增加值占国内生产总值的比重达到8%左右，战略性新兴产业形成健康发展、协调推进的

---

① 国务院，《工业转型升级规划（2011—2015年）》，2011年。
② 国务院，《关于抑制部分行业产能过剩和重复建设引导产业健康发展若干意见》，2009年。
③ 国务院，《关于加快培育和发展战略性新兴产业的决定》，2010年。

基本格局。此外，中国政府制定了《"十二五"国家战略性新兴产业发展规划》[①]，对如何培育和发展七大战略性新兴产业做出了更为详细的部署和规划，并制定了各产业到 2020 年的发展路线图。

二、"十二五"以来政策与行动的进展与成效

（一）服务业蓬勃发展，三产结构不断优化

"十一五"以来，中国的三产结构持续优化，服务业增加值占国内生产总值的比重不断提高（图 4-1）。中国服务业增加值占国内生产总值的比重从 2005 年的 41.3%[②]提高到 2015 年的 50.2%，服务业增加值占国内生产总值的比重首次占据"半壁江山"，相比 2005 年提高了约 8.9 个百分点，分别完成了"十一五"期间和"十二五"期间提出的增长规划目标。

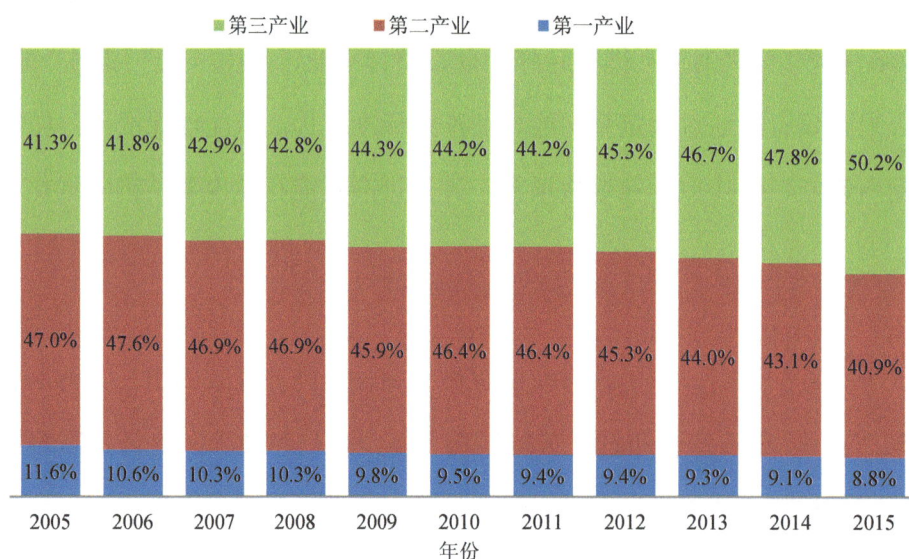

图 4-1   2005—2015 年中国三大产业结构变化情况

---

① 国务院，《"十二五"国家战略性新兴产业发展规划》，2012 年。
② 由于近几年中国政府对 GDP 数据进行了调整，故此处的 2005 年服务业增加值占比数据与《"十一五"规划纲要》制定时的基年数据 40.3% 存在出入。

生产性服务业蓬勃发展，为促进结构调整和经济稳定增长提供了强大的动力，而随着经济和社会的发展，其重点领域也在进行不断调整。从部分省（区、市）公布的相关统计数据来看，生产性服务业都扮演了重要的角色。例如，北京市、天津市、广东省 2015 年生产性服务业增加值占服务业的比重分别为 66.4%、71.4% 和 53.1%，占地区生产总值的比重分别为 52.9%、37.1% 和 26.9%，相较往年均有显著增长[①]。

（二）工业内部实现结构调整和转型升级

淘汰落后产能工作取得积极成效。"十二五"期间，累计淘汰落后产能炼铁 9 089 万吨、炼钢 9 486 万吨、焦炭 9 700 万吨、电解铝 205 万吨、水泥 65 651 万吨、平板玻璃 16 886 万重量箱、造纸 3 433 万吨，淘汰落后产能工作成效显著，淘汰落后产能目标皆超额完成[②]。

高耗能行业发展得到有效控制，投资增速明显放缓。例如，国家统计局的数据[③]显示，2013—2015 年，中国高耗能行业投资年均增长 9.9%，比工业投资年均增速低 2.6 个百分点，钢铁、水泥、电解铝、平板玻璃、金属船舶制品五大产能严重过剩，行业投资 3 年均为负增长，年均分别下降 6.3%、11.3%、9.2%、6.8% 和 15.4%。

此外，高耗能行业内部结构也得到优化升级。2010 年与 2005 年相比，电力行业 300 兆瓦以上火电机组占火电装机容量比重由 50% 上升到 73%，钢铁行业 1 000 米^3 以上大型高炉产能比重由 48% 上升到 61%，建材行业新型干法水泥熟料产量比重由 39% 上升到 81%[④]。

（三）高技术产业和战略性新兴产业发展迅猛

"十二五"期间，节能环保、新一代信息技术、新能源等七大战略性新兴产业快速发展。2015 年，中国战略性新兴产业增加值占国内生产总值比重达到 8% 左右[⑤]，产

---

① 数据来源于《北京市人民政府关于进一步优化提升生产性服务业加快构建高精尖经济结构的意见》《天津市生产性服务业发展"十三五"规划》《广东省工业和信息化领域生产性服务业发展"十三五"规划》。
② 数据来源于工业和信息化部《关于下达"十二五"期间工业领域重点行业淘汰落后产能目标任务的通知》和 2011 年、2012 年、2013 年、2014 年、2015 年淘汰落后产能目标任务完成情况公告。
③ 数据来源于国家统计局《投资结构加快优化　短板得到明显加强——十八大以来我国投资运行状况》。
④ 数据来源于《节能减排"十二五"规划》。
⑤ 数据来源于《"十三五"国家战略性新兴产业发展规划》。

业创新能力和盈利能力明显提升，顺利完成"十二五"初期的规划目标。此外，"十二五"期间中国形成了一批产值规模千亿元以上的新兴产业集群，有力支撑了区域经济转型升级。

三、"十三五"提出的重点目标与任务

"十三五"期间，中国政府将继续围绕着"增速换挡、结构改变、动能变换"来深化经济改革，着力在优化结构、增强动力、化解矛盾、补齐短板上取得突破，切实转变发展方式，提高发展质量和效益。

（一）加快推动服务业优质高效发展

力争到 2020 年服务业增加值占国内生产总值的比重达到 56%，与此同时，开展加快发展现代服务业行动，扩大服务业对外开放，优化服务业发展环境，推动生产性服务业向专业化和价值链高端延伸、生活性服务业向精细化和高品质转变。

（二）推动供给侧结构性改革

培育壮大新兴产业，改造提升传统产业，构建创新能力强、品质服务优、协作紧密、环境友好的现代产业新体系。促进制造业向高端、智能、绿色、服务方向发展。加快发展新型制造业，推动传统产业改造升级，积极稳妥地化解过剩产能。

（三）支持战略性新兴产业发展

力争战略性新兴产业增加值占国内生产总值的比重在 2020 年达到 15%。支持新一代信息技术、新能源汽车、生物技术、绿色低碳、高端装备与材料、数字创意等领域的产业发展壮大，大力推进先进半导体、机器人、增材制造、智能系统、新一代航空装备、空间技术综合服务系统、智能交通、精准医疗、高效储能与分布式能源系统、智能材料、高效节能环保、虚拟现实与互动影视等新兴前沿领域创新和产业化，形成一批新的增长点，在太空深海、信息网络、生命科学、核技术等领域培

育一批战略性产业。

专栏 4-1　"十三五"期间战略性新兴产业发展行动

01	新一代信息技术产业创新：培育集成电路产业体系，培育人工智能、智能硬件、新型显示、移动智能终端、第五代移动通信（5G）、先进传感器和可穿戴设备等成为新增长点
02	生物产业倍增：加速推动基因组学等生物技术大规模应用，建设网络化应用示范体系，推进个性化医疗、新型药物、生物育种等新一代生物技术产品和服务的规模化发展。推进基因库、细胞库等基础平台建设
03	空间信息智能感知：加快构建以多模遥感、宽带移动通信、全球北斗导航卫星为核心的国家民用空间基础设施，形成服务于全球通信、减灾防灾、资源调查监管、城市管理、气象与环境监测、位置服务等领域系统性技术支撑和产业化应用能力。加速北斗、遥感卫星商业化应用
04	储能与分布式能源：实现新一代光伏、大功率高效风电、生物质能、氢能与燃料电池、智能电网、新型储能装置等核心关键技术突破和产业化，发展分布式新能源技术综合应用体，促进相关技术装备规模化发展
05	高端材料：大力发展形状记忆合金、自修复材料等智能材料，石墨烯、超材料等纳米功能材料，磷化铟、碳化硅等下一代半导体材料，高性能碳纤维、钒钛、高温合金等新型结构材料，可降解材料和生物合成新材料等
06	新能源汽车：实施新能源汽车推广计划，鼓励城市公交和出租汽车使用新能源汽车。大力发展纯电动汽车和插电式混合动力汽车，重点突破动力电池能量密度、高低温适应性等关键技术，建设标准统一、兼容互通的充电基础设施服务网络，完善持续支持的政策体系，全国新能源汽车累计产销量达到 500 万辆。加强新能源汽车废旧电池回收处理

第三章　节约能源和提高能源效率

节能优先是中国经济社会发展中的一项重大战略。中国通过完善节能法律法规、强化节能目标责任考核、开展节能重点工程、落实节能经济激励政策、健全节能标准标识、加强重点领域节能、强化节能技术支撑和服务体系建设等政策措施，推动节能工作取得了重大进展。

一、"十二五"以来采取的主要政策与行动

自《"十一五"规划纲要》首次将 2010 年单位国内生产总值能源消耗比 2005 年降低 20% 左右作为国民经济和社会发展的约束性指标以来，《"十二五"规划纲要》继续将单位国内生产总值能源消耗降低 16% 作为约束性指标。为实现五年规划设定的发展目标，中国政府先后编制了《节能减排综合性工作方案》《"十二五"节能减排综合性工作方案》和《节能减排"十二五"规划》，分别成为指导中国"十一五"和"十二五"时期节能和提高能效工作总的行动方案。

（一）完善节能法律法规

《节约能源法》是指导中国节能工作的基础性法律。为推动全社会节约能源，提高能源利用效率，保护和改善环境，促进经济社会全面协调可持续发展，全国人民代表大会常务委员会分别于 2007 年 10 月 28 日和 2016 年 7 月 2 日对其进行了修改。

"十二五"以来，中国进一步完善节能法规体系，颁布了《工业节能管理办法》[①]，促进工业领域贯彻节约资源和保护环境的基本国策，加强工业用能管理，采取技术上可行、经济上合理以及环境和社会可以承受的措施，在工业领域各个环节降低能源消耗，减少污染物排放，高效合理地利用能源。同时还制定、修订发布了《节能监察办

---

① 工业和信息化部，《工业节能管理办法》，2016 年。

法》《能源效率标识管理办法》《固定资产投资项目节能审查办法》《重点用能单位节能管理办法》等法律规定，进一步完善了节能法律法规体系。各地方依据这些法律法规，结合本地情况，制定了相应的实施办法，如新疆维吾尔自治区和山东省分别颁布了各自的实施办法。

（二）强化节能目标责任考核

中国将单位国内生产总值能耗下降的节能目标分解落实到了各省（区、市），并且建立了目标责任制，对未能完成目标任务的地方政府官员进行问责。同时，在"十一五"时期实施"千家企业节能行动"的基础上，中国还于"十二五"时期实施了"万家企业节能低碳行动"[①]，推动约1.7万家重点用能单位在"十二五"时期做好节能工作。国家每年汇总并公布各地区万家企业节能目标考核结果，万家企业节能目标完成情况和节能措施落实情况也被纳入省级政府节能目标责任考核评价体系。

各省（区、市）人民政府每年向国务院报告节能目标责任的履行情况。《节约能源法》规定，用能单位应当建立节能目标责任制，对节能工作取得成绩的集体、个人给予奖励；公共机构应当制定年度节能目标和实施方案，加强能源消费计量和监测管理，向本级人民政府管理机关事务工作的机构报送上年度的能源消费状况报告；年综合能源消费总量1万吨标准煤以上的用能单位，以及国务院有关部门或者省（区、市）人民政府管理节能工作的部门指定的年综合能源消费总量5 000吨以上不满1万吨标准煤的用能单位，应当每年向管理节能工作的部门报送上年度的能源利用状况报告，包括能源消费情况、能源利用效率、节能目标完成情况和节能效益分析、节能措施等内容。

（三）开展节能重点工程

中国在《"十一五"规划纲要》中提出实施"十大节能重点工程"，包括低效燃煤工业锅炉（窑炉）改造工程、区域热电联产工程、余热余压利用工程、节约和替代石油工程、电机系统节能工程、能量系统优化工程、建筑节能工程、绿色照明工程、政

[①] 国家发展改革委等部门，《万家企业节能低碳行动实施方案》，2011年。

府机构节能工程、节能监测和技术服务体系建设工程等。在《"十二五"规划纲要》中又明确提出实施节能改造工程、节能产品惠民工程、节能技术产业化示范工程、合同能源管理推广工程等节能重点工程。

专栏4-2　中国最佳节能技术和最佳节能实践案例

河北省迁西县低品位工业余热用于城镇集中供热工程

河北省迁西县利用钢铁厂的工业低品位余热，为城镇的民用建筑供热，替代原有燃煤热水锅炉，大幅减少燃煤消耗，显著提高工业企业的能源利用效率，实现了良好的环境效益和经济效益，创新了商业模式。

赤峰和然节能技术服务有限责任公司利用迁西县城郊10千米外的钢铁厂低品位余热，为县城360万米^{2}的民用建筑供热，替代了7台40吨燃煤锅炉。为实现系统稳定高效运行，项目研发了专用的新型立式吸收式换热器，降低一次网回水温度，实现大温差供热，提升余热回收率，提高管网输送能力；在热网和热源分别设立项目公司，把合同能源管理模式（EPC）与政府和社会资本合作模式（PPP）相结合，在低品位余热供热领域探索出适合中国国情的"网源一体化"运营模式，实现供热运营模式和供热技术的变革，为推广工业低品位余热应用于城镇集中供热项目提供了切实可行的模式。

按照项目一期工程运行状况，每年回收工业余热总量6.4万吨标准煤，减少二氧化碳排放16.8万吨、减少二氧化硫排放543吨、减少氮氧化物排放473吨，节约用水38万吨，总体节能率大于85%。

赤峰和然节能技术服务有限责任公司改变了传统供热模式，将远距离的工业低品位余热用于城镇供热，并成功地商业化运营。其实践在工业低温余热利用领域进行了积极探索，为中国"三北"地区供热热源日益紧张、能耗较高且周边工业企业低品位余热资源丰富的地区集中供热创新了一种商业模式。

信息来源：国家发展改革委。

"十二五"期间，中国节能领域全社会投资规模超过2万亿元，其中中央财政资金投入超过2 100亿元，与实施节能改造前相比，形成节能能力约3.6亿吨标准煤[①]。中国城镇新建建筑执行节能强制性标准比例基本达到100%，累计增加节能建筑面积70亿米^2，节能建筑占城镇民用建筑面积的比重超过40%。北京、天津、河北、山东、

---

① 数据来源：中能世通（北京）投资咨询服务中心，中国能源研究会能效与投资评估专业委员会. 中国能效投资进展报告（2015）. 北京：中国科学技术出版社，2017。

新疆等地已经开始在城镇新建居住建筑中实施节能 75% 强制性标准①。

（四）落实节能经济激励政策

《节能减排综合性工作方案》提出了各级人民政府在财政预算中安排一定资金，采用补助、奖励等方式支持节能重点工程等财政政策，实行节能项目减免企业所得税，以及节能专用设备投资抵免企业所得税等税收政策，鼓励和引导金融机构加大对节能技术改造项目的信贷支持等金融服务政策。"十二五"期间，中国继续完善促进节能的经济政策，推广节能市场化机制。

财政方面，中国设立了节能专项资金、资源节约和环境保护专项资金，支持节能领域重大政策研究、重点工程建设、高效节能产品推广、节能宣传等，对既有建筑节能改造、淘汰落后产能给予财政奖励。

金融方面，中国政府出台了相关配套政策②③④，加大对绿色经济、低碳经济、循环经济的支持力度，支持企业发行绿色债券，支持用能单位提高能源利用效率、降低能源消耗，服务领域包括工业、建筑、交通及其他相关领域。

税收方面，中国取消了小排量汽车、摩托车等的消费税；节能汽车减半征收车船税，新能源车船免征车船税，新能源汽车免征车辆购置税；将矿产资源补偿费降为零，取消针对能源资源设立的各种不合理收费和基金，合理确定资源税税率；设置多项环保税和减免税的优惠政策，鼓励企业清洁生产、集中处理、循环利用。

价格方面，国家全面实行居民用电阶梯价格制度，并推行居民峰谷电价（图4-2）；对电解铝、水泥、钢铁等高耗能、高污染、产能严重过剩行业用电实行阶梯电价。

---

① 建筑数据来自《建筑节能与绿色建筑发展"十三五"规划》。
② 中国银监会，《绿色信贷指引》，2012 年。
③ 国家发展改革委，《绿色债券发行指引》，2015 年。
④ 中国银监会、国家发展改革委，《能效信贷指引》，2015 年。

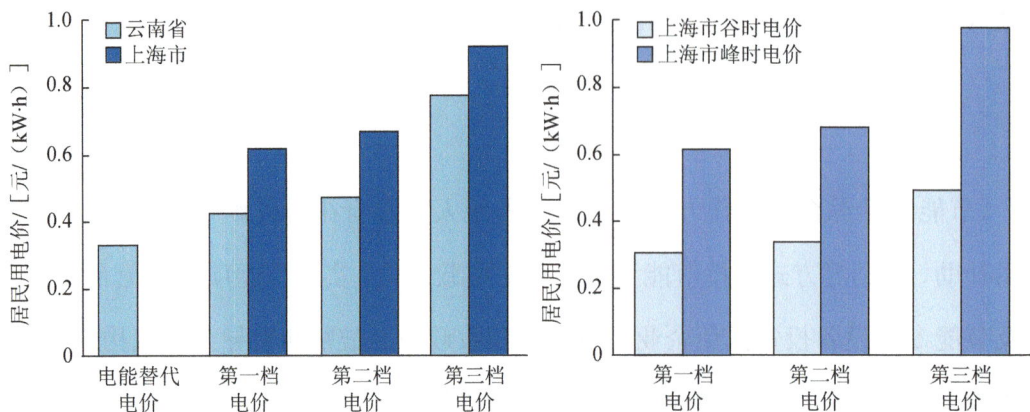

图 4-2　中国部分地区 2017 年居民用电价

数据来源：国家电网公司、中国南方电网有限责任公司。

（五）健全节能标准标识

自 2004 年中国政府编制第一批《中华人民共和国实行能源效率标识的产品目录》以来，截至 2017 年中国已经编制了 14 批实行能源效率标识的产品目录。"十二五"以来，中国政府启动了两期"百项能效标准推进工程"，共批准编制了206 项能效、能耗限额和节能基础国家标准。截至 2017 年，中国已编制实施能效强制性标准 64 项、能耗限额强制性标准 106 项、节能推荐性国家标准 150 余项，对化解产能过剩、优化产业结构、实现节能目标发挥了重要作用[1]。

（六）加强重点领域节能

"十一五"以来，中国突出抓好工业、建筑、交通、农业和农村、商业和民用、公共机构等重点领域节能，大幅提高能源利用效率。

工业节能。重点推进电力、煤炭、钢铁、有色金属、石油石化、化工、建材、造纸、纺织、印染、食品加工等行业的节能，明确目标任务，加强行业指导，推动技术进步，强化监督管理。发展热电联产，推广分布式能源，开展智能电网试点。推广煤炭清洁利用，提高原煤入洗比例，加快煤层气开发利用。实施工业和信息产业能效提升计划。推动信息数据中心、通信机房和基站的节能改造。

---

[1] 国家发展改革委，《节能标准体系建设方案》，2017 年。

建筑节能。制定并实施绿色建筑行动方案，从规划、法规、技术、标准、设计等方面全面推进建筑节能。新建建筑严格执行建筑节能标准，提高标准执行率。推进北方采暖地区既有建筑供热计量和节能改造，实施"节能暖房"工程，改造供热老旧管网，实行供热计量收费和能耗定额管理。做好夏热冬冷地区建筑节能改造。推动可再生能源与建筑一体化应用，推广使用新型节能建材和再生建材，继续推广使用散装水泥。加强公共建筑节能监管体系建设，完善能源审计、能效公示，推动节能改造与运行管理。研究建立建筑使用全寿命周期管理制度，严格建筑拆除管理。加强城市照明管理，严格防止和纠正过度装饰和亮化。

交通运输节能。加快构建综合交通运输体系，推进运输结构调整，积极发展多式联运发展。优先发展城市公共交通，科学合理配置城市各种交通资源，有序推进城市轨道交通建设。推广公路挂牌运输，全面推行全国联网电子不停车收费系统。加速淘汰老旧汽车、机车、船舶，基本淘汰2005年以前注册运营的"黄标车"，加快提升车用燃油品质。推行货运车型标准化。实施内河船型标准化，深入推进LNG动力船舶运用，大力推广靠港船舶使用岸电。提高铁路电气化比重，优化航路航线，推进航空、远洋运输业节能减排。开展机场、码头、车站节能改造。实施第四阶段机动车排放标准，在有条件的重点城市和地区逐步实施第五阶段排放标准。探索城市调控机动车保有总量，积极推广节能与新能源汽车。

农业和农村节能。加快淘汰老旧农用机具，推广农用节能机械、设备和渔船。推进节能型住宅建设，推动省柴节煤灶更新换代，开展农村水电增效扩容改造。发展户用沼气和大中型沼气，加强运行管理和维护服务。

商业和民用节能。在零售业等商贸服务业和旅游业开展节能行动，加快设施节能改造，严格用能管理，引导消费行为。要求宾馆、商厦、写字楼、机场、车站等严格执行夏季、冬季空调温度设置标准。在居民中推广使用高效节能家电、照明产品，鼓励购买节能环保型汽车，支持乘用公共交通，提倡绿色出行。

公共机构节能。推行公共机构节能目标责任制。实施供热、空调、照明等用能系统节能改造。开展节约型公共机构示范单位创建活动。推行节能环保产品强制采购和优先采购。提高新能源汽车应用比例。普及节能低碳知识，营造节能低碳文化。不断提升能源资源利用效率。

（七）强化节能技术支撑和服务体系建设

"十一五"以来，中国加快了节能技术的开发和推广应用，节能服务产业也得到飞速发展。中国在国家、部门和地方相关科技计划和专项中，加大对节能减排科技研发的支持力度，完善技术创新体系。继续推进节能减排科技专项行动，组织高效节能关键和前沿技术攻关。推动组建节能技术与装备产业联盟，通过国家工程（技术）研究中心加大节能减排科技研发力度。实施节能重大技术与装备产业化工程，重点支持稀土永磁无铁芯电机、半导体照明、低品位余热利用、地热和浅层地温能应用等关键技术与设备产业化，加快产业化基地建设。继续编制国家重点节能技术推广目录，建立节能技术遴选、评定及推广机制。重点推广能量梯级利用、低温余热发电、先进煤气化、高压变频调速、干熄焦、蓄热式加热炉、吸收式热泵供暖、冰蓄冷、高效换热器等节能技术。加强与有关国际组织、政府在节能领域的交流与合作，积极引进国外先进节能技术，加大推广力度。

"十二五"期间，规范有序的中国节能服务市场初步建立，节能服务从业队伍快速壮大、节能服务产业规模稳步增长、节能服务综合能力显著提升、节能服务融资渠道持续开阔、节能服务体系构建日臻完善，合同能源管理成为用能单位实施节能技术改造最主要的方式之一。全国从事节能服务业务的企业总数达到 5 426 家，行业从业人员达到 60.7 万人，总产值突破 3 000 亿元，年均增长率为 30.19%；累计投资额 3 710.72 亿元，相应形成年节能能力 1.24 亿吨标准煤。

二、"十二五"以来政策与行动的进展及成效

"十一五"时期，中国单位国内生产总值能耗降低 19.3%，节能减排和生态环保扎实推进，完成了"十一五"规划确定的目标和任务；"十二五"时期，中国单位国内生产总值能耗降低 18.4%，超额完成节能预定目标任务，为经济结构调整、环境改善、应对全球气候变化做出了重要贡献。2006—2015 年，中国累计节约能源消费 15.76 亿吨

标准煤，相应减少二氧化碳排放 36.59 亿吨。

（一）主要高耗能产品生产能耗下降

中国主要高耗能产品生产能耗普遍下降（图 4-3），其中，火电厂供电煤耗下降 14.9%，水泥综合能耗下降 8.1%，钢可比能耗下降 12.0%，电解铝电耗下降 7.0%，乙烯综合能耗下降 20.4%，合成氨综合能耗下降 9.4%，纸和纸板综合能耗下降 24.3%。

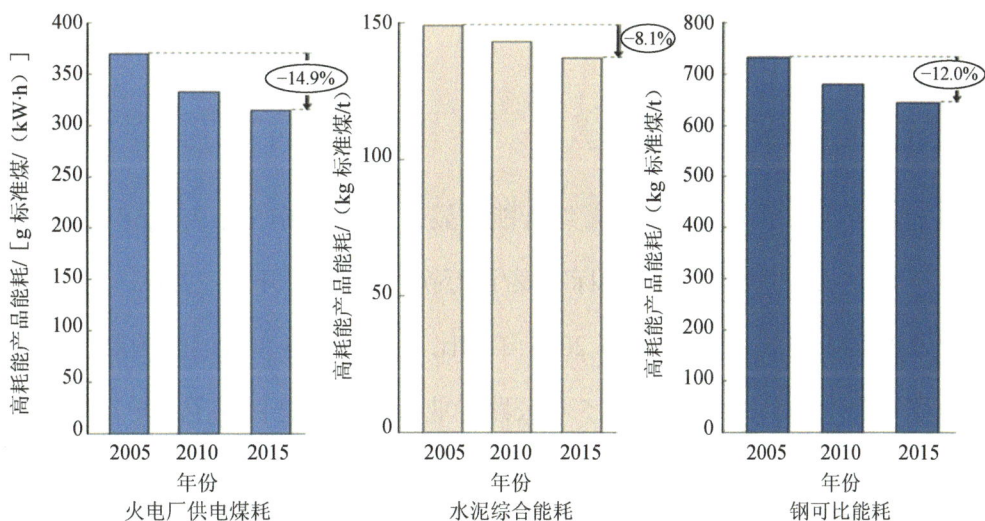

图 4-3　"十一五"以来中国主要高耗能产品能耗

（二）建筑领域节能进展

"十二五"时期，中国建筑节能和绿色建筑事业取得了重大进展，建筑节能标准不断提高，绿色建筑呈跨越式发展态势，既有居住建筑节能改造在严寒及寒冷地区全面展开，公共建筑节能监管力度进一步加强，节能改造在重点城市及学校、医院等领域稳步推进（表 4-1）。

表 4-1　"十二五"时期建筑节能和绿色建筑主要发展指标

地区	2010 年	2015 年
城镇新建建筑节能标准执行率/%	95.4	100
严寒、寒冷地区城镇居住建筑节能改造面积/亿 m^2	1.8	11.7
夏热冬冷地区城镇居住建筑节能改造面积/亿 m^2	—	0.7
公共建筑节能改造面积/亿 m^2	—	1.1
获得绿色建筑评价标识项目数量/个	112	4 071

资料来源：住房城乡建设部，《关于印发建筑节能与绿色建筑发展"十三五"规划的通知》，2017 年。

（三）交通领域节能进展

铁路运输领域，单位运输工作量综合能耗显著下降，2015 年为 4.68 吨标准煤/百万换算吨千米[①]，比 2005 年 6.48 吨标准煤/百万换算吨千米[②]下降 27.8%。

公路水路运输领域，2015 年与 2005 年相比，营运车辆和营运船舶单位运输周转量能耗分别下降 15.9%和 20%[③]。2015 年公路专业货运企业每百吨千米单耗 1.9 千克标准煤，比 2011 年每百吨千米单耗 2.2 千克标准煤下降 13.6%；远洋和沿海货运企业 2015 年每千吨海里单耗 5.2 千克标准煤，比 2011 年每千吨海里单耗 7 千克标准煤下降 25.7%；港口企业 2015 年每万吨单耗 2.6 吨标准煤，比 2011 年每万吨单耗 3.16 吨标准煤下降 17.7%[④]。

民航领域，2015 年每吨千米油耗为 0.294 千克，较 2005 年（行业节能减排目标基年）下降 13.5%；"十二五"期间，中国民航每吨千米油耗较"十一五"下降近 5%[⑤]。

（四）地方节能进展

"十一五"时期，中国将国家单位国内生产总值能耗下降的节能目标分解落实到了全国 31 个省（区、市），除对新疆另行考核外，全国其他地区均完成了国家下达的

---

① 数据来源于《2015 年交通运输行业发展统计公报》。
② 数据来源于马超云，梁肖，毛保华，等. 铁路运输能源消耗现状分析[J]. 中国铁路，2010（11）：51-55。
③ 数据来源于《中华人民共和国气候变化第一次两年更新报告》。
④ 数据来源于《2011 年公路水路交通运输行业发展统计公报》《2015 年交通运输行业发展统计公报》。
⑤ 数据来源于《2015 年民航行业发展统计公报》。

节能目标任务，有 28 个地区超额完成了目标。"十二五"时期，中国同样将国家节能目标进行分解落实，经考核，10 个省（区、市）考核结果为超额完成等级；20 个省（区、市）考核结果为完成等级；新疆考核结果为基本完成等级（表 4-2）。

表 4-2　"十二五"各省（区、市）节能目标完成情况

地区	节能目标/%	考核结果	地区	节能目标/%	考核结果
北京	17	超额完成	湖北	16	超额完成
天津	18	完成	湖南	16	完成
河北	17	超额完成	广东	18	超额完成
山西	16	完成	广西	15	完成
内蒙古	15	完成	海南	10	完成
辽宁	17	完成	重庆	16	完成
吉林	16	完成	四川	16	完成
黑龙江	16	完成	贵州	15	超额完成
上海	18	超额完成	云南	15	完成
江苏	18	超额完成	西藏	10	完成
浙江	18	超额完成	陕西	16	完成
安徽	16	超额完成	甘肃	15	完成
福建	16	完成	青海	10	完成
江西	16	完成	宁夏	15	完成
山东	17	完成	新疆	10	基本完成
河南	16	超额完成			

三、"十三五"提出的重点目标与任务

《"十三五"规划纲要》设定了"十三五"时期（2016—2020 年）中国节能和提高能效的主要目标，包括单位国内生产总值能源消耗降低 15% 的约束性目标。要求推进能源消费革命。实施全民节能行动计划，全面推进工业、建筑、交通运输、公共机构等领域节能，实施锅炉（窑炉）、照明、电机系统升级改造及余热暖民等重点工程。

大力开发、推广节能技术和产品，开展重大技术示范。实施重点用能单位"百千万"行动和节能自愿活动，推动能源管理体系、计量体系和能耗在线监测系统建设，开展能源评审和绩效评价。实施建筑能效提升和绿色建筑全产业链发展计划。推行节能低碳电力调度。推进能源综合梯级利用。

中国政府于 2016 年编制印发了《"十三五"节能减排综合工作方案》，要求各地区、各部门和中央企业按照工作方案，结合实际制定具体实施方案，明确目标责任，狠抓贯彻落实，强化考核问责，确保实现"十三五"节能目标。中国政府部门随后编制了《"十三五"全民节能行动计划》，提出了节能产品推广行动、重点用能单位能效提升行动、工业能效赶超行动、建筑能效提升行动、交通节能推进行动、公共机构节能率先行动、节能服务产业倍增行动、节能科技支撑行动、居民节能行动、节能重点工程推进行动等"十大行动"，推动中国能源生产和消费革命，大幅提高能源资源开发利用效率，有效控制能源消耗总量，发展节能产业，确保完成"十三五"节能目标。

第四章 构建低碳能源体系

"十一五"以来，中国积极调整和优化能源结构，通过大力发展非化石能源、推动化石能源的清洁高效利用、严格控制煤炭消费等一系列举措，着力构建低碳、高效和可持续的能源体系。展望"十三五"，中国将进一步推进低碳能源体系的建设，为实现 2030 年非化石能源发展以及碳排放达峰目标奠定基础。

一、"十二五"以来采取的主要政策与行动

中国一直坚持发展非化石能源与清洁高效利用化石能源并举，把发展清洁低碳能源作为调整能源结构的主要方向。2013 年，中国政府编制《能源发展"十二五"规划》，进一步明确了中国在"十二五"期间实现能源结构优化的主要目标和任务：非化石能源消费比重提高到 11.4%，非化石能源发电装机比重达到 30%，天然气占能源消费总量比重提高到 7.5%，煤炭消费比重降低到 65%。

（一）积极发展非化石能源

1. 大力发展新能源与可再生能源

"十一五"期间，中国对《中华人民共和国可再生能源法》（以下简称《可再生能源法》）进行了修改，并编制了《可再生能源中长期发展规划》和《可再生能源发展"十一五"规划》，对中国可再生能源的发展进行了科学规划，明确了中国开发利用可再生能源的指导思想、基本原则、发展目标及重点领域，其中，《可再生能源中长期发展规划》明确提出今后15 年中国可再生能源发展的总目标是：提高可再生能源在能源消费中的比重，解决偏远地区无电人口用电问题和农村生活燃料短缺问题，推行有机废弃物的能源化利用，推进可再生能源技术的产业化发展。"十一五"期间，中国

政府还陆续出台了一系列促进可再生能源发展的财税政策[①]。

"十二五"期间，中国加大力度支持风电、太阳能、地热能、生物质能等新型可再生能源发展。中国政府先后编制了《可再生能源发展"十二五"规划》《风电发展"十二五"规划》《太阳能发电发展"十二五"规划》《生物质能发展"十二五"规划》及相关配套政策[②]，明确了"十二五"期间中国可再生能源的发展目标、规划布局和建设重点，制定和完善了可再生能源优先上电网、全额收购、价格优惠及社会分摊的政策，建立了可再生能源发展专项资金，用以支持资源评价与调查、技术研发、试点示范工程建设和农村可再生能源开发利用。2015 年，中国对除居民生活和农业生产以外其他用电的可再生能源电价附加征收标准提高到 1.9 分/千瓦·时[③]，比之前实施的标准增加了 0.4 分/千瓦·时。

2．安全高效发展核电

"十二五"以来，中国更加重视安全高效地发展核电。《"十二五"规划纲要》提出在确保安全的基础上高效发展核电。中国政府通过了《核电安全规划（2011—2020 年）》和《核电中长期发展规划（2011—2020 年）》，对中国今后一段时期的核电发展做出了全面部署。《能源发展"十二五"规划》进一步深化了安全高效发展核电的任务和目标，提出严格实施核电安全规划和核电中长期发展规划，持续开展在役在建核电机组安全改造，全面加强核电安全管理，提高核事故应急响应能力。

（二）推动天然气发展

1．加快常规天然气发展

中国制定了"油气并举"的战略方针，鼓励天然气开发利用。"十二五"时期，中国政府印发了《天然气发展"十二五"规划》，提出了 2015 年国产天然气供应能力达到 1 760 亿米³ 左右、进口天然气量约 935 亿米³ 的目标，并相应提出了常规天然气、煤制天然气、煤层气、页岩气用气普及率，基础设施能力建设等相关目标。中国推动

[①] 《风力发电设备产业化专项资金管理暂行办法》《金太阳示范工程财政补助资金管理暂行办法》《太阳能光电建筑应用财政补助资金管理暂行办法》《关于完善风力发电上网电价政策的通知》。

[②] 《关于促进地热能开发利用的指导意见》《国务院关于促进光伏产业健康发展的若干意见》《可再生能源发展专项资金管理暂行办法》《可再生能源电价附加补助资金管理暂行办法》《可再生能源发电全额保障性收购管理办法》《分布式发电管理暂行办法》《关于进一步推进可再生能源建筑应用的通知》。

[③] 国家发展改革委，《关于降低燃煤发电上网电价和一般工商业用电价格的通知》，2015 年。

能源行业加强大气污染防治工作[①]，提出天然气（不包含煤制气）消费比重在 2015 年和 2017 年分别达到 7% 和 9% 以上，提出了保障天然气长期稳定供应的任务及措施[②]，并制定了进一步推动天然气分布式能源发展的财政补贴、发电上网、电价补贴等政策[③]。为规范煤制油、煤制天然气产业的有序发展[④]，针对煤制油和煤制气项目，提出了能源转化效率、能耗、水耗、二氧化碳排放和污染物排放等准入标准。

2. 加快煤层气和页岩气发展

"十二五"期间，中国政府制定了《煤层气（煤矿瓦斯）开发利用"十二五"规划》，提出了实施煤矿瓦斯治理和利用总体方案，引导和鼓励煤矿瓦斯利用和地面煤层气开发，并明确 2015 年煤层气（煤矿瓦斯）产量达到 300 亿米[3]，瓦斯发电装机容量超过 285 万千瓦、民用超过 320 万户、新增煤层气探明地质储量 1 万亿米[3] 的发展目标。中国政府还制定了《页岩气发展规划（2011—2015 年）》，提出到 2015 年页岩气产量达到 65 亿米[3] 的发展目标，并安排专项财政资金支持页岩气开发[⑤]。中国还出台了相关产业政策[⑥]，以促进煤层气和页岩气的科学高效开发利用。

（三）严格控制煤炭消费

1. 煤炭消费总量控制

"十二五"以来，中国政府从政策层面不断强化煤炭消费总量控制要求。《"十二五"规划纲要》中提出了"优化能源结构，合理控制能源消费总量"，并通过系列政策逐步明确了煤炭消费总量控制的政策要求[⑦]。《"十三五"控温方案》进一步强化了控制煤炭消费总量的目标和要求。中国制定了国家煤炭消费总量中长期控制目标，并在《能源发展战略行动计划（2014—2020 年）》中明确提出到 2020 年，煤炭消费总量控制在 42 亿吨左右。

---

① 国家发展改革委、国家能源局、环境保护部，《能源行业加强大气污染防治工作方案》，2014 年。
② 国家发展改革委，《关于建立保障天然气稳定供应长效机制的若干意见》，2014 年。
③ 国家发展改革委，《关于发展天然气分布式能源的指导意见》及《天然气分布式能源示范项目实施细则》，2014 年。
④ 国家能源局，《关于规范煤制油、煤制天然气产业科学有序发展的通知》，2015 年。
⑤ 财政部、国家能源局，《关于出台页岩气开发利用补贴政策的通知》，2012 年。
⑥ 国家能源局，《煤气层产业政策》和《页岩气产业政策》，2013 年。
⑦ 《国务院关于印发"十二五"节能减排综合性工作方案的通知》《国务院关于印发节能减排"十二五"规划的通知》《国务院关于重点区域大气污染防治"十二五"规划的批复》。

2. 煤炭消费减量替代

2013 年，中国明确提出到 2017 年年底，北京、天津、河北和山东压减煤炭消费总量 8 300 万吨，4 省市分别削减 1 300 万吨、1 000 万吨、4 000 万吨和 2 000 万吨的目标[①]。2014 年，中国政府制定散煤清洁化治理工作方案，提出通过散煤减量替代与清洁化替代并举等措施，力争到 2017 年年底解决京津冀地区民用散煤清洁化利用问题[②]。广东、江西、重庆提出到 2017 年煤炭占比分别下降到 36%、65% 及 60% 以下。《能源发展战略行动计划（2014—2020 年）》中提出实施煤炭消费减量替代，降低煤炭消费比重，京津冀鲁、长三角和珠三角等地区要削减区域煤炭消费总量，并对北京、天津、河北、山东、上海、江苏、浙江和广东的珠三角地区提出煤炭消费减量替代工作目标及方案[③]。2015 年，中国进一步加强了大气污染治理重点城市煤炭消费总量的控制工作，提出空气质量相对较差的前 10 位城市煤炭消费总量要较上一年度实现负增长的目标[④]。

二、"十二五"以来政策与行动的进展及成效

1. 非化石能源快速发展

"十二五"以来，中国新能源和可再生能源的开发利用规模明显增长。到 2015 年年底，中国非化石能源发电量占全国发电总量的比重达到 27.2%。非化石能源消费比重从 2005 年的 7.4% 上升至 2015 年的 12.1%，增加 4.7 个百分点（图 4-4）。水电装机达到 3.2 亿千瓦，是 2005 年的 2.7 倍；并网风电装机达到 1.3 亿千瓦，是 2005 年的 123 倍；光伏装机达到 4 218 万千瓦，是 2005 年的 603 倍；核电装机达到 2 717 万千瓦，是 2005 年的 3.9 倍。

---

① 环境保护部、国家发展改革委等有关部门，《京津冀及周边地区落实大气污染防治行动计划实施细则》，2013 年。
② 国家发展改革委、国家能源局，《京津冀地区散煤清洁化治理工作方案》，2014 年。
③ 国家发展改革委、工业和信息化部、财政部、环境保护部、统计局、国家能源局，《重点地区煤炭消费减量替代管理暂行办法》，2014 年。
④ 国家发展改革委、环境保护部、国家能源局，《加强大气污染治理重点城市煤炭消费总量控制工作方案》，2015 年。

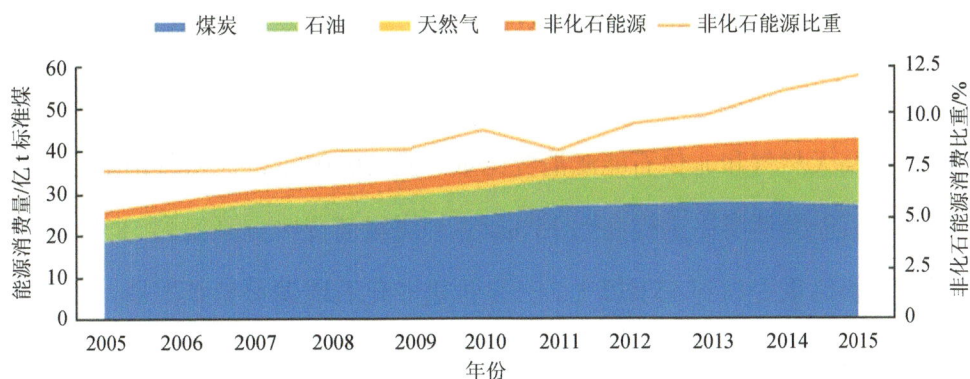

图 4-4　中国能源消费结构

2. 天然气高效利用

"十二五"以来，天然气的利用规模和水平继续不断提升。2015 年，中国天然气产量为 1 346.1 亿米^3，天然气（含液化天然气，下同）进口量为 611.4 亿米^3，天然气消费量为 1 931.7 亿米^3，天然气占能源消费总量比重从 2010 年的 4.0%提升至 5.9%。截至 2015 年，中国国内已建成天然气管道 6.4 万千米，初步形成全国性的输气管网框架。2015 年全国煤层气（煤矿瓦斯）抽采量为 140 亿米^3，利用量为 77 亿米^3，煤层气产量（地面抽采）约 44 亿米^3，利用量为 38 亿米^3，页岩气产量达到 46 亿米^3。

3. 严格控制煤炭消费

"十二五"中后期开始，中国煤炭消费呈增长放缓甚至下降的趋势。2014 年和 2015 年，全国煤炭消费量分别为 41.16 亿吨和 39.7 亿吨，与上年同比分别下降 3.0%和 3.5%。"十二五"期间，中国煤炭消费年均增速为 2.6%，较"十一五"年均增速低 4.8 个百分点。"十一五"以来，中国煤炭占能源消费总量比重持续下降，从 2005 年的 72.4%下降至 2015 年的 63.7%。与 2012 年相比，2015 年京津冀地区煤炭消费减少，相应二氧化碳排放减少 0.56 亿吨。

三、"十三五"提出的重点目标与任务

"十三五"时期是中国实现非化石能源消费比重达到 15%目标的决胜期，也是为 2030 年前后碳排放达到峰值奠定基础的关键期，因此将进一步调整优化能源结构，推

进新能源产业发展，加快构建和完善清洁低碳和安全高效的现代能源体系。一是控制能源消费总量，实施能源消费总量和强度"双控"。二是优化能源消费结构，扩大天然气消费，提高天然气和非化石能源消费比重。到 2020 年，天然气消费比重力争达到 10%，非化石能源消费比重提高到 15%以上；煤炭消费比重降低到 58%以下；发电用煤占煤炭消费比重提高到 55%以上。三是推进非化石能源可持续发展，注重生态优先发展水电、安全稳妥地促进核电发展；全面协调推进风电、太阳能等可再生能源发展；因地制宜地发展生物质能、地热能、海洋能等新能源。到 2020 年，常规水电装机容量力争达到 3.4 亿千瓦；核电总装机容量和在建容量稳步提升；风电装机规模达到 2.1 亿千瓦以上，风电与煤电上网电价基本相当；太阳能发电装机容量达到 1.1 亿千瓦以上，其中分布式光伏 6 000 万千瓦、光伏电站 4 500 万千瓦、光热发电 500 万千瓦，光伏发电力争实现用户侧平价上网；生物质能发电装机容量达到 1 500 万千瓦，地热能利用规模达到 7 000 万吨标准煤以上。

第五章　稳定和增加碳汇

按照应对气候变化的总体部署，通过大力造林、科学经营、严格管护，中国的森林资源持续增加，湿地保护不断加强，林业碳汇功能稳步提升，为应对气候变化、拓展发展空间、建设生态文明做出了重大贡献。

一、"十二五"以来采取的主要政策与行动

"十一五"期间，中国启动了应对气候变化林业行动计划[①]，提出大力增加林业碳汇的目标：到 2015 年森林覆盖率达 21.66%，森林蓄积量达 143 亿米^3 以上，森林植被总碳储量达到 84 亿吨；新增沙化土地治理面积 1 000 万公顷以上；湿地面积达到 4 248万公顷，自然湿地保护率达到 55% 以上；森林火灾受害率稳定控制在 1‰ 以下；林业有害生物成灾率控制在 4.5‰ 以下。"十二五"期间，又将森林覆盖率和森林蓄积量作为约束性指标，明确了林业减缓气候变化的重点领域与主要行动，主要包括加快推进造林绿化、全面开展森林抚育经营、加强森林资源管理、强化森林灾害防控等方面[②]。

（一）大力开展造林绿化和森林经营

中国积极推进国土绿化，努力提升森林质量，不断增加林业碳汇。中国政府制定编制了《林业发展"十二五"规划》《全国造林绿化规划纲要（2011—2020 年）》，提出了"十二五"和未来 10 年造林绿化的目标和任务，并分解落实到了各地区和各部门。加强造林计划督导，全面推进旱区和京津冀等重点区域造林绿化，扩大新一轮退耕还林还草规模，加快实施石漠化综合治理、京津风沙源治理、"三北"防护林体系建设、长江流域等重点防护林体系建设、天然林资源保护等林业重点工程。成立国家

---

① 国家林业局，《应对气候变化林业行动计划》，2009 年。
② 国家林业局，《林业应对气候变化"十二五"行动要点》，2011 年。

林业局（现为国家林业和草原局）森林抚育经营工作领导小组，建立工作制度，明确职责分工，启动中央财政森林抚育补贴试点。编制《全国森林经营规划（2016—2050年)》，着力推进森林经营制度建设，落实森林抚育补贴政策，科学开展森林抚育，稳步推进森林经营样板基地建设。

（二）加强林业资源保护

中国通过强化林业资源的保护力度以最大限度地减少林业温室气体排放。强化森林资源保护管理，严格实施林地保护利用规划，严格保护国家级公益林，积极推进林木采伐管理改革，强化林地用途管制，严厉打击非法侵占林地行为，坚决遏制林地流失势头，努力减少资源破坏导致的森林碳排放。加强天然林保护，落实天然林保护政策，扩大天然林保护范围，加快停止天然林商业性采伐行为。加强自然保护区建设，使中国生物多样性最丰富、自然生态系统最珍贵、生态功能最重要、自然景观最优美的区域得到有效保护。加强森林防火，提前动员部署，全面实时监测，主动预防预警，组织科学扑救，减少火灾导致的碳排放。强化林业有害生物防治，着力应对重大外来有害生物入侵，深入推进联防联治、无公害防治和重点生态区防治，增强森林健康，减少因害造成的碳排放。强化湿地保护恢复，大力推进湿地保护与恢复工程建设，使湿地生态系统的碳汇功能逐步提升。

（三）强化科学技术支撑

建立健全林业应对气候变化技术支撑体系，加强林业应对气候变化的能力建设。积极推进林业碳汇的计量监测体系和基础设施及技术标准等方面的建设，为应对气候变化科学决策提供数据支持。依托公益性行业专项、"948"计划、国家科技支撑等科研平台，围绕林业减缓气候变化的主要领域和关键技术开展研究，破解林业应对气候变化的科学难题。

二、"十二五"以来政策与行动的进展与成效

（一）林业碳汇功能稳步提升

根据中国第八次森林资源清查结果（2009—2013 年），中国森林面积已达 2.08 亿公顷，完成了 2020 年森林面积增加目标的 60%；森林蓄积量为 151.37 亿米³，已提前实现 2020 年森林蓄积量增加的目标；森林覆盖率由 20.36%提高到 21.63%；森林植被总碳储量在过去 5 年间由 78.11 亿吨增加到 84.27 亿吨。2013—2015 年，中国年均完成造林面积达到 610 万公顷、年均义务植树超过 24 亿株、年均森林抚育面积超过 780 万公顷，森林面积和森林蓄积量持续增加。2015 年，中国新增湿地保护面积 40 万公顷，恢复湿地面积 2 万公顷，新增国际重要湿地 3 处，新增国家湿地公园（试点）137 处，湿地生态系统的碳汇功能逐步提升[①]。

（二）林业碳汇功能得以有效保护

通过强化森林资源保护管理、天然林保护和自然保护区建设等，森林碳储存功能得以有效保护。中国天然林资源保护工程区管护面积已达到 1.154 亿公顷，实现森林面积、蓄积双增长，涵养水源、碳汇等生态功能明显增强。截至 2015 年年底，林业系统已建立各级各类自然保护区 2 228 处（含国家级自然保护区 345 处），总面积达到 1.24 亿公顷，占国土面积的 12.99%。

通过加强森林防火、强化林业有害生物防治，减少因灾害造成的温室气体排放。与 1999 年同期平均值相比，森林火灾次数、受害森林面积、人员伤亡分别下降了 54.6%、81.3%和 18.3%，森林火灾受害率稳定控制在 1‰以下；主要林业有害生物成灾率控制在 4.5‰以下，无公害防治率达到 85%以上，增强了森林健康，减少了因害造成的碳排放[①]。

---

① 国家林业局，《2015 年林业应对气候变化政策与行动白皮书》，2016 年。

（三）林业减缓气候变化能力建设加强

"十二五"期间，中国政府制定完成了《碳汇造林技术规程》《造林项目碳汇计量监测指南》等一系列与林业碳汇相关的技术标准及规范，《林业碳汇计量监测技术指南》《森林生态系统碳库调查技术规范》等一批规范的制定也已取得重要成果。备案编制了《碳汇造林项目方法学》《森林经营碳汇项目方法学》等多个林业碳汇项目方法学，林业碳汇交易取得积极进展。

中国开展了森林生态系统对气候变化的响应规律研究、典型湖泊沼泽湿地生态系统服务功能评价研究、荒漠化土地碳储量专题研究、碳卫星先期攻关研究、林业碳汇计量与增汇技术研究等。另外，林业应对气候变化的政策研究、"气候变化公约"专题研究、2020年后林业增汇减排行动目标研究、减少砍伐和退化所致排放量（REDD+）国家战略、森林碳汇产权问题研究等已取得阶段性成果。新编生态系统定位观测研究站观测行业标准4项，使这类标准的总数达26项。新建森林生态系统定位观测研究站26个，已加入国家陆地生态系统定位观测研究站的数量达到166个，为林业减缓气候变化相关的能力评估和科学研究提供了重要支撑。

三、"十三五"提出的重点目标与任务

以落实中国应对气候变化总体部署和实现林业"双增"为总任务，扎实推进造林绿化，着力加强森林经营，强化森林与湿地保护，同步加强增加林业碳吸收与减少林业碳排放。到2020年，实现森林面积在2005年基础上增加4 000万公顷，森林覆盖率达到23%以上，森林蓄积量达到165亿米^{3}以上，湿地面积不低于8亿亩，50%以上可治理沙化土地得到整治，森林植被总碳储量达到95亿吨左右[①]。

---

① 国家林业局，《林业应对气候变化"十三五"行动要点》，2016年。

第六章　控制非二氧化碳温室气体排放

中国政府高度重视非二氧化碳温室气体的控制，通过对煤层气的抽采和利用，以及对工业生产过程、农业活动和废弃物处理等领域所采取的系列针对性措施，已取得明显的管控成效。

一、"十二五"以来采取的主要政策与行动

中国政府在 2007 年的《中国应对气候变化国家方案》中明确提出，2010 年工业生产过程的氧化亚氮排放要稳定在 2005 年水平这一目标，并通过系列措施控制农业领域甲烷排放的增长速度。

2012 年，国务院印发的《"十二五"控温方案》，提出了控制甲烷、氧化亚氮、氢氟碳化物、全氟化碳、六氟化硫等非二氧化碳排放的目标，明确要求通过改进生产工艺，减少电石、制冷剂、己二酸、硝酸等工业生产过程排放；通过改良作物品种、改进种植技术，努力控制农业领域排放；加强畜牧业和城市废弃物处理和综合利用，控制甲烷等排放增长；积极研发并推广应用控制氢氟碳化物、全氟化碳和六氟化硫等排放技术，提高控制非二氧化碳温室气体的排放水平。

（一）加大煤层气抽采利用控制甲烷排放

中国政府编制了《煤层气（煤矿瓦斯）开发利用"十二五"规划》。通过加大财政资金支持力度、实施煤矿瓦斯发电增值税即征即退、对煤层气资源税实行低税率等优惠政策加快煤层气的开发利用[1][2][3]，提高煤层气（煤矿瓦斯）利用率，努力减少煤炭开采领域的甲烷排放。

---

[1] 国务院办公厅，《关于加快煤层气（煤矿瓦斯）抽采利用的若干意见》，2006 年。
[2] 国务院办公厅，《关于进一步加快煤层气（煤矿瓦斯）抽采利用的意见》，2013 年。
[3] 国家能源局，《煤层气产业政策》，2013 年。

（二）控制工业生产过程非二氧化碳排放

"十二五"期间，中国政府编制及发布了《工业领域应对气候变化行动方案（2012—2020）》①，明确提出改进化肥、己二酸、硝酸、己内酰胺等行业的生产工艺，采用控排技术，减少工业生产过程中氧化亚氮的排放。通过采用合理防护性气体、创新操作工艺、开展替代品研发等措施，大幅降低工业生产过程中含氟气体的排放。通过将落后的常压法及综合法硝酸工艺列入限制类目录②，加速高排放工艺的淘汰。通过尾气处理装置的应用，控制己二酸生产企业氧化亚氮的排放。通过化解过剩产能、制定铝行业规范、实施电解铝阶梯电价等政策淘汰落后铝冶炼产能③④。中国政府进一步加强了对氢氟碳化物排放的管理⑤，制订了《蒙特利尔议定书》下加速淘汰含氢氯氟烃的管理计划，加快了氢氟碳化物的销毁和替代。

（三）控制农业活动甲烷和氧化亚氮排放

"十二五"期间，中国明确提出以节肥技术推广为工作重点⑥，通过减量化、再利用、资源化等方式，降低能源消耗，减少污染排放，提升农业可持续发展能力。中央财政设专项支持规模养殖场进行标准化改造，建设贮粪池、排粪污管网等粪污处理配套设施，降低畜牧业温室气体排放。2015年，中国通过大力发展节水农业、实施化肥零增长行动、实施农药零增长行动、推进养殖污染防治、深入开展秸秆资源化利用等系列行动⑦，在控制面源污染的同时控制温室气体排放。

（四）废弃物处理温室气体减排

"十一五"以来，中国政府高度关注废弃物领域的温室气体减排，不断完善城市

---

① 工业和信息化部、国家发展改革委、科技部、财政部，《工业领域应对气候变化行动方案（2012—2020）》，2012年。
② 国家发展改革委，《产业结构调整指导目录》，2011年。
③ 国务院，《国务院关于化解产能严重过剩矛盾的指导意见》，2013年。
④ 国家发展改革委、工业和信息化部，《关于印发对钢铁、电解铝、船舶行业违规项目清理意见的通知》，2015年。
⑤ 国务院办公厅，《2014—2015节能减排低碳发展行动方案》，2014年。
⑥ 农业部，《关于进一步加强农业和农村节能减排工作的意见》，2011年。
⑦ 农业部，《关于打好农业面源污染防治攻坚战的实施意见》，2015年。

废弃物处理标准和法规制定①，推广利用先进的垃圾焚烧技术，出台促进填埋气体回收利用的激励政策等，有效地降低了废弃物处理领域的温室气体排放。通过行业标准②及国家强制性标准③，明确要求填埋场必须设置有效的填埋气体导排设施，当设计填埋库容大于或等于 250 万吨，填埋厚度大于或等于 20 米时，应考虑填埋气体利用；填埋场不具备填埋气体利用条件时，应采用火炬法燃烧处理，要求采用能够有效减少甲烷产生和排放的填埋工艺，并对填埋气体估算、导排、输送、利用、安全、气体利用率等提出了详细的规定。"十二五"期间，中国政府编制了《"十二五"全国城镇污水处理及再生利用设施建设规划》④及《"十二五"全国城镇生活垃圾无害化处理设施建设规划》⑤，积极控制城市污水和垃圾处理过程中的甲烷排放。

二、"十二五"以来政策与行动的进展与成效

（一）煤层气抽采甲烷减排成效

"十二五"以来，煤矿瓦斯抽采利用量逐年大幅上升。截至 2015 年，中国井下抽采煤层气利用量达到 48 亿米³。"十二五"期间，全国累计利用煤层气（煤矿瓦斯）340 亿米³，相当于节约标准煤 4 080 万吨，减排二氧化碳当量 5.1 亿吨⑥。

（二）工业生产过程温室气体减排成效

中国通过淘汰铝冶炼落后产能，已累计淘汰落后铝冶炼产能 205 万吨。同时还通过淘汰水泥和钢铁落后产能，采用二级处理法、三级处理法处理硝酸生产过程中氧化亚氮的排放，推动己二酸等生产企业开展清洁发展机制项目等国际合作，较好地控制了工业生产过程中氧化亚氮及氢氟碳化物、全氟化碳和六氟化硫等温室气体的排放。通过安排中央预算内投资和财政补贴支持开展 HFC-23 的销毁处置工作，积极组织开

---

① 住房和城乡建设部，《城镇污水厂污泥处理处置及污染防治技术政策（试行）》，2009 年。
② 住房和城乡建设部，《生活垃圾填埋场填埋气体收集处理及利用工程技术规范》（CJJ 133—2009），2009 年。
③ 住房和城乡建设部，《生活垃圾卫生填埋处理技术规范》（GB 50869—2013），2013 年。
④ 国务院办公厅，《"十二五"全国城镇污水厂处理及再生利用设施建设规划》，2012 年。
⑤ 国务院办公厅，《"十二五"全国城镇生活垃圾无害化处理设施建设规划》，2012 年。
⑥ 国家能源局，《煤层气（煤矿瓦斯）开发利用"十三五"规划》，2016 年。

展控制氢氟碳化物的重点行动[①]，累计处置 HFC-23 约 3.57 亿吨二氧化碳当量。

（三）农业活动温室气体减排成效

截至 2015 年，测土施肥技术覆盖率达到 80%以上，氮肥利用率较 2005 年提高了 7.2 个百分点，三大粮食作物氮肥利用率达到 35.2%，通过提高利用率来减少化肥用量和面源污染，有效控制了农田的氧化亚氮排放。2014 年全国青贮饲料产量达到 7 200 万吨，有效地控制了牛、羊等反刍动物甲烷排放。到 2015 年，全国户用沼气达到 4 193.3 万户，各类型沼气工程达到 110 975 处，全国沼气年生产能力达到 158 亿米^3，约为当年全国天然气消费量的 5%，每年可替代化石能源约 1 100 万吨标准煤。全国农村沼气年处理畜禽养殖粪便、秸秆、有机生活垃圾近 20 亿吨，年减排温室气体 6 300 多万吨二氧化碳当量[②]。

（四）废弃物处理温室气体减排成效

"十一五"以来，通过研究推广先进的垃圾焚烧、垃圾填埋气体回收利用技术，减少固体废物的填埋处理量，提高垃圾的资源化综合利用率，实现了温室气体的减排。中国完成了试点城市生活垃圾填埋气回收利用情况，以及生活垃圾焚烧厂基本情况的调查报告，有 50 项垃圾填埋场甲烷回收利用的清洁发展机制项目，累计回收利用甲烷约 34 万吨，即 720 万吨二氧化碳当量。

三、"十三五"提出的重点目标与任务

《国家自主贡献》中明确提出加强放空天然气和油田伴生气的回收利用，逐渐减少二氟一氯甲烷受控用途的生产和使用，2020 年产量要比 2010 年减少 35%、比 2025 年减少 67.5%，三氟甲烷排放到 2020 年得到有效控制；推进农业低碳发展，到 2020 年努力实现化肥使用量零增长，控制稻田甲烷和农田氧化亚氮排放，构建循环型农业体系，推动秸秆综合利用、农林废弃物资源化利用和畜禽粪便综合利用。

---

① 国家发展改革委、外交部、财政部、环境保护部，《关于组织开展氢氟碳化物处置相关工作的通知》，2014 年。
② 国家发展改革委、农业部，《全国农村沼气发展"十三五"规划》，2017 年。

　　中国通过制定《"十三五"控温方案》，落实国家自主贡献目标，提出到 2020 年，进一步加大氢氟碳化物、甲烷、氧化亚氮、全氟化碳、六氟化硫等非二氧化碳温室气体控排力度的目标，并明确要求采取多种措施控制非二氧化碳温室气体排放。积极开发利用天然气、煤层气、页岩气，加强放空天然气和油田伴生气回收利用；制定实施控制氢氟碳化物排放行动方案，有效控制三氟甲烷。在农业领域，开展化肥使用零增长行动，推广测土配方施肥，减少农田氧化亚氮排放，到 2020 年实现农田氧化亚氮排放达到峰值；推进畜禽废弃物资源化利用，2020 年规模化畜禽场和养殖小区配套废弃物处理设施比例达到 75% 以上。开展垃圾填埋场、污水处理厂甲烷收集利用及与常规污染物协同处理的工作。

第七章　加强控制温室气体排放体制与机制建设

中国注重加强国家层面气候管理制度的顶层设计，依托现有的国民经济、能源和环境管理体系，并通过综合政策工具、依法行政手段、市场机制作用、试点示范先行等各种有效途径，来探索符合国情的控制温室气体排放体制与机制建设模式。

一、目标控制、分解、考核机制及区域率先达峰

（一）实施分类指导的碳排放强度控制

从"十二五"开始，在综合考虑各地区发展阶段、资源禀赋、战略定位、生态环保等各方面因素的情况下，中国开始将碳排放国家控制目标分解落实到省（区、市），分类确定省级碳排放控制目标（表 4-3）。"十三五"期间，省级碳排放强度控制目标分别下降 20.5%、19.5%、18%、17%和12%。

表 4-3　各地区碳排放强度下降控制目标

地区	"十二五"期间单位国内生产总值二氧化碳排放下降/%	"十三五"期间单位国内生产总值二氧化碳排放下降/%	地区	"十二五"期间单位国内生产总值二氧化碳排放下降/%	"十三五"期间单位国内生产总值二氧化碳排放下降/%
北京	18	20.5	湖北	17	19.5
天津	19	20.5	湖南	17	18
河北	18	20.5	广东	19.5	20.5
山西	17	18	广西	16	17
内蒙古	16	17	海南	11	12
辽宁	18	18	重庆	17	19.5
吉林	17	18	四川	17.5	19.5
黑龙江	16	17	贵州	16	18

地区	"十二五"期间单位国内生产总值二氧化碳排放下降/%	"十三五"期间单位国内生产总值二氧化碳排放下降/%	地区	"十二五"期间单位国内生产总值二氧化碳排放下降/%	"十三五"期间单位国内生产总值二氧化碳排放下降/%
上海	19	20.5	云南	16.5	18
江苏	19	20.5	西藏	10	12
浙江	19	20.5	陕西	17	18
安徽	17	18	甘肃	16	17
福建	17.5	19.5	青海	10	12
江西	17	19.5	宁夏	16	17
山东	18	20.5	新疆	11	12
河南	17	19.5			

（二）推动部分区域率先达峰

支持优化开发区域率先提前实现碳排放达峰。鼓励其他地区提出峰值目标，明确达峰路线图，在部分发达省市开展碳排放总量控制的探索。鼓励提前达峰和其他具备条件的地区加大减排力度，完善政策措施，力争提前完成达峰目标。

目前，中国已有23个低碳试点省（区、市）或城市提出2030年前实现二氧化碳排放峰值，其中，宁波、温州等8个城市提出在"十三五"期间（2016—2020年）达到峰值，武汉、深圳等7个城市提出在"十四五"期间（2021—2025年）达到峰值，延安、海南等8个省市提出在"十五五"期间（2026—2030年）达到峰值。

从峰值目标落实的情况来看，温州、晋城、南平等多数城市把达峰作为低碳城市试点工作实施方案的主要发展目标，明确了主要任务、重点工程和保障措施；苏州、青岛等城市制定了低碳发展规划，提出了分阶段和分领域的达峰路线图；赣州市出台了关于建设低碳城市的意见，把尽早达峰作为城市转型的主要目标；镇江和武汉等市还分别在《镇江市国民经济和社会发展第十三个五年规划纲要》和《武汉市国民经济和社会发展第十三个五年规划纲要》中，明确提出要力争尽早实现碳排放峰值。

（三）强化目标责任评价考核

2013 年，国家发展改革委会同有关部门研究制定了"十二五"单位国内生产总值二氧化碳排放降低目标责任考核体系实施方案，围绕目标完成情况、任务与措施落实情况、基础工作与能力建设落实情况及体制机制开创性探索等四个方面，提出了由 12 项基础指标及 1 项加分指标构成的"十二五"省级人民政府控制温室气体排放目标责任评价考核指标体系。通过不断完善省级人民政府碳排放强度目标责任评价考核体系，逐步建立省级温室气体清单质量评估体系，探索建立重点行业企业温室气体排放核查体系，进一步强化了目标导向，形成上下联动、职责分明的压力传导机制，提升了省级和企业层面的排放数据质量。

二、温室气体统计核算体系建设

（一）完善基础统计体系

中国建立了应对气候变化统计指标体系[①]，并将温室气体排放基础统计指标纳入政府统计指标体系，建立了与温室气体清单编制相匹配的基础统计体系。2014 年成立了由国家发展改革委、国家统计局、交通运输部等 23 个部门组成的应对气候变化统计工作领导小组，建立了以政府综合统计为核心、相关部门分工协作的工作机制。积极开展应对气候变化基础统计队伍的能力建设。

（二）常态化开展清单编制和核算工作

中国已完成了 1994 年、2005 年、2010 年、2012 年和 2014 年国家温室气体清单的编制工作。进一步完善了相关的数据管理系统，为清单编制的常态化和规范化提供了技术支撑，并加强了对二氧化碳排放核算及碳排放强度下降目标完成情况的形势分

---

① 国家发展改革委、国家统计局，《关于加强应对气候变化统计工作的意见》，2013 年。

析。2010 年，中国启动了省级温室气体清单编制工作[①]，2014 年年底完成了全国 31 个省（区、市）及新疆生产建设兵团 2005 年和 2010 年的清单报告编制，省级温室气体清单评估格式表格及联审指标体系初步建立。2015 年，中国进一步布置各地区 2012 年和 2014 年省级温室气体清单编制工作[②]。为支撑省级清单编制工作，中国还组织开展了相关能力建设项目，全方位、多层次对清单编制机构人员进行能力建设培训，地方温室气体清单编制能力不断加强。

（三）初步建立温室气体排放报告制度

2014 年，中国组织开展了重点企（事）业单位温室气体排放报告工作[③]，启动了重点企业温室气体直接报送系统的研究与建设，并逐步开展企业报告能力建设。北京、上海、天津、重庆、广东、深圳和湖北等 7 个碳排放权交易试点地区均编制了地方有关温室气体排放报告的规章制度，并编制了纳入交易的各自重点行业企业温室气体排放核算方法，建立各自的温室气体排放报送平台。江苏、浙江、湖南、云南等 19 个非试点省市也已先后启动了本地的报告平台建设，并陆续开展了重点企（事）业单位温室气体排放数据报送等相关工作。

三、碳排放交易机制

（一）自愿减排交易机制

2012 年，中国启动了温室气体自愿减排交易管理工作[④]，开展了温室气体自愿减排方法学体系、核查机构、注册登记系统和交易平台的建设，并对适用于国内自愿减排项目的方法学进行评估备案，奠定了自愿减排项目备案程序和规范。随着 2015 年 1 月国家自愿减排交易注册登记系统正式上线运行，国家发展改革委逐步搭建起国内自愿减排交易的市场体系。

---

① 国家发展改革委，《关于启动省级温室气体清单编制工作有关事项的通知》，2010 年。
② 国家发展改革委，《关于开展下一阶段省级温室气体清单编制工作的通知》，2015 年。
③ 国家发展改革委，《关于组织开展重点企（事）业单位温室气体排放报告工作的通知》，2014 年。
④ 国家发展改革委，《温室气体自愿减排交易管理暂行办法》和《温室气体自愿减排项目审定与核证指南》，2012 年。

截至 2015 年年底，中国政府备案并公布了 180 余个温室气体自愿减排方法学，7 家交易机构备案成为温室气体减排交易平台，10 家核查机构通过备案获得自愿减排交易项目审定与核证机构资格，累计公示温室气体自愿减排审定项目 2 000 余个，备案项目 700 余个，减排量备案项目约 200 个，累计备案减排量超过 5 000 万吨二氧化碳当量。

（二）地方碳排放权交易试点

2011 年，中国启动了碳排放权交易试点工作[①]，批准北京、天津、上海、重庆、湖北（武汉）、广东（广州、深圳）等 7 省市开展碳排放权交易试点工作，强化试点碳交易制度的顶层设计，制定出台地方性法规和政府规章，建立碳排放核算、报告和核查体系，确定碳配额分配方法、交易规则和履约机制，建立碳交易平台和注册登记系统，初步形成符合地区实际的制度安排。各试点省市建成了制度要素齐全、初具规模、各具特色的试点碳交易市场，并开展碳市场监管，组织履约与执法工作。截至 2015 年年底，7 个试点碳市场已经全部启动，共纳入 20 余个行业、2 600 多家重点排放单位，年排放配额总量约 12.4 亿吨二氧化碳当量，其中北京、天津、上海、广东和深圳碳市场纳入的重点排放单位已经完成了 2 次碳排放权履约；7 个试点碳市场累计成交的排放配额交易约 6 700 万吨二氧化碳当量，累计交易额约为 23 亿元。

（三）开展全国碳排放权交易市场机制建设

2014 年，中国开始组织建设全国碳排放权交易市场，开展制度设计、全国碳市场配额总量和分配方法以及全国碳交易登记注册系统等研究。2014 年，中国政府出台《碳排放权交易管理暂行办法》，明确了全国碳市场建设的思路。强化基础能力，研究出台 24 个重点行业温室气体排放核算方法与报告指南，构建企业温室气体排放数据直接报告体系，备案第三方核查机构和交易机构。2016 年，中国提出了要重点解决的工作任务[②]，主要包括提出拟纳入全国碳排放权交易体系的企业名单；对拟纳入企业的历史碳排放进行核算、报告与核查；培育和遴选第三方核查机构及人员；强化能力建设等。

---

① 国家发展改革委办公厅，《关于开展碳排放权交易试点工作的通知》，2011 年。
② 国家发展改革委，《关于切实做好全国碳排放权交易市场启动重点工作的通知》，2016 年。

2017 年，中国正式启动全国碳排放交易市场①。目标任务是坚持将碳市场作为控制温室气体排放政策工具的工作定位，切实防范金融等方面风险。以发电行业为突破口率先启动全国碳排放交易体系，培育市场主体，完善市场监管，逐步扩大市场覆盖范围，丰富交易品种和交易方式。逐步建立起归属清晰、保护严格、流转顺畅、监管有效、公开透明、具有国际影响力的碳市场。配额总量适度从紧、价格合理适中，有效激发企业减排潜力，推动企业转型升级，实现控制温室气体排放目标。

四、低碳试点示范

（一）开展低碳省区和低碳城市试点

2010 年，中国启动了低碳省区和低碳城市的试点工作，确定在广东、辽宁、湖北、陕西、云南 5 省和天津、重庆、深圳、厦门、杭州、南昌、贵阳、保定 8 市展开探索性实践。2012 年，中国组织开展了第二批低碳省区和低碳城市的试点工作②，选择了北京、上海、海南和石家庄等 29 个低碳省市作为试点。各试点地区制定工作实施方案，探索建立控制温室气体排放目标责任制，加快建立以低碳为特征的工业、建筑、交通、能源体系，加强温室气体排放核算和清单编制基础能力建设，倡导绿色低碳的生活方式和消费模式，已取得积极的成效，从整体上带动和促进了全国范围的绿色低碳发展。2016 年，中国政府组织的对第一批和第二批低碳省市试点经验评估总结显示，各试点省市先行先试，积极创新，在加强组织领导、落实低碳理念、探索制度创新、完善配套政策、建立市场机制、健全统计体系、强化评价考核、协同试点示范和开展合作交流等方面形成了一批可复制和可推广的经验做法，成为国家重大低碳政策落地的排头兵。2017 年，中国又确定在内蒙古自治区乌海市等 45 个市（区、县）开展第三批低碳城市试点，低碳省市试点总数达到 87 个。

---

① 国家发展改革委，《全国碳排放权交易市场建设方案（发电行业）》，2017 年。
② 国家发展改革委，《关于开展第二批低碳省区和低碳城市试点工作的通知》，2012 年。

（二）开展低碳工业园区试点

2013 年，中国启动了低碳工业园区的试点工作①。2014 年，审核公布了国家低碳工业园区试点名单，研究开展相应的评价指标体系和配套政策。2015 年，51 个国家低碳工业园区的试点实施方案得到批复。各试点园区通过实施多种低碳化行动措施，推进产业低碳化、企业低碳化、产品低碳化、基础设施及服务低碳化，探索适合中国国情的工业园区低碳管理模式，引导和带动工业低碳转型发展。

（三）开展低碳社区试点

2014 年，中国启动了低碳社区试点工作②。2015 年，编制了《低碳社区试点建设指南》，并组织开展低碳社区碳排放核算方法学和评价指标体系研究，指导各地开展低碳社区建设工作，开展全国低碳社区示范遴选，计划在全国建设 1 000 个左右低碳社区试点，并择优建设一批国家级低碳示范社区，打造一批符合不同区域特点、不同发展水平、特色鲜明的低碳社区，为有效控制城乡居民生活领域的温室气体排放提供引领和借鉴。截至 2017 年 7 月，开展低碳社区试点的省份达到 27 个，省级低碳社区试点数量超过 400 个。

（四）开展低碳城（镇）试点

2015 年，中国启动了低碳城（镇）试点工作③，选定广东深圳国际低碳城等 8 个城（镇）作为首批国家低碳城（镇）试点，引导各试点围绕产业发展和城区建设融合、空间布局合理、资源集约综合利用、基础设施低碳环保、生产低碳高效、生活低碳宜居等多个方面，探索符合地区特色的城（镇）低碳发展模式。

（五）推进其他领域试点

推进碳捕集、利用与封存（CCUS）试验示范工作。2013 年，中国开始推动这一

① 工业和信息化部、国家发展改革委，《关于组织开展国家低碳工业园区试点工作的通知》，2013 年。
② 国家发展改革委，《关于开展低碳社区试点工作的通知》，2014 年。
③ 国家发展改革委，《关于加快推进国家低碳城（镇）试点工作的通知》，2015 年。

工作①，编制科技发展专项规划②及技术发展路线图，指导碳捕集、利用与封存项目的环境风险管理③。中国组织实施中欧燃煤发电近零排放，中澳二氧化碳地质封存等碳捕集、利用与封存合作项目，华润和中英（广东）CCUS 中心启动了碳捕集测试平台项目。

开展低碳交通运输体系建设试点。在 26 个城市开展了低碳交通运输体系建设试点工作，积累城市绿色低碳交通运输体系实践经验。深入开展"车船路港"千家企业低碳交通运输专项行动。先后组织江苏、浙江、山东、辽宁 4 个绿色交通省，北京、厦门等 27 个绿色交通城市开展了绿色交通区域性主体性项目建设，对交通运输行业绿色发展起到了良好的引领带动作用，有力推动形成了行业节能减排新格局。

探索实施近零碳排放区示范工程。中国政府组织开展了方案调研和研究，陕西和广东开展了近零碳排放区示范工程。

五、法规及标准建设

（一）推动气候变化相关立法

2011 年，成立了由全国人大环资委、全国人大法工委、国务院法制办和 17 家部委组成的应对气候变化法律起草工作领导小组。国家发展改革委牵头开展立法研究、立法调研和法律草案起草工作，广泛征求各利益相关方的立法意见。加快推动《应对气候变化法》和《碳排放权交易管理条例》的立法程序，《应对气候变化法》和《碳排放权交易管理条例》分别被列入《国务院 2016 年立法计划》中的"研究项目"和"预备项目"。山西和青海分别出台了《应对气候变化办法》，石家庄和南昌分别出台了《低碳发展促进条例》，推进了地方的法治化进程。

---

① 国家发展改革委，《关于推动碳捕集、利用和封存试验示范的通知》，2013 年。
② 科技部，《"十二五"国家碳捕集、利用与封存科技发展专项规划》，2013 年。
③ 环境保护部，《关于加强碳捕集、利用和封存试验示范项目环境保护工作的通知》，2013 年。

（二）编制企业碳排放核算标准

中国分三批编制了 24 个行业企业温室气体排放核算方法与报告指南，规定了企业温室气体排放量核算和报告的相关术语、核算边界、核算方法、质量保证和文件存档、报告内容和格式等内容。2015 年，中国政府编制了第一批 10 个重点行业企业的核算标准，同时颁布了 1 个工业企业温室气体排放核算通则。

（三）完善低碳产品认证体系

2013 年，中国正式建立低碳产品认证制度[1][2]。2013 年和 2016 年分两批编制了《低碳产品认证目录》，目前国家推行的低碳产品认证目录共包括七大类产品。截至 2016 年，共颁发国家低碳产品认证证书 171 张，认证企业 47 家；碳足迹、碳标签等低碳认证证书 200 张，认证企业 96 家。2016 年，中国将低碳产品等系列产品整合为绿色产品，到 2020 年将初步建立起系统科学、开放融合、指标先进、权威统一的绿色产品标准、认证和标识体系[3]。

---

① 国家发展改革委、国家认监委，《低碳产品认证管理暂行办法》，2013 年。
② 国家质量监督检验检疫总局、国家发展改革委，《节能低碳产品认证管理办法》，2015 年。
③ 国务院，《关于建立统一的绿色产品标准、认证、标识体系的意见》，2016 年。

第五部分

资金、技术和能力建设需求

作为发展中国家，中国始终注重提高社会经济发展的质量和效益，积极推进生态文明建设和绿色低碳转型，在应对气候变化的资金投入、技术研发及推广和能力建设等方面都做出了艰苦的努力，但与全面落实应对气候变化战略目标和国家自主贡献所面临的资金、技术和能力建设需求相比，仍存在较大的缺口。与发达国家的现有支持无论在覆盖范围还是规模力度上均存在很大的差距，有必要进一步加强这一领域的后续行动。

第一章 应对气候变化资金需求及获得的资助

一、中国应对气候变化的资金需求

资金投入的保障是中国减缓和适应气候变化不可或缺的基础条件。为实现《国家自主贡献》目标及相关政策、行动和措施，中国面临巨额的应对气候变化资金需求。要满足上述需求，一方面须激励动员国内政府、企业和社会团体增加投入；另一方面根据《公约》的相关要求，也需要发达国家能够提供"新的"和"额外的"气候资金支持。

（一）中国减缓气候变化的资金需求

为有效落实《国家自主贡献》中碳排放峰值、碳排放强度、非化石能源和森林碳汇等政策目标，中国需进一步实施积极应对气候变化国家战略，完善应对气候变化区域政策和行动，构建低碳能源体系，形成节能低碳的产业体系，控制建筑和交通领域排放，增加森林碳汇，倡导低碳生活方式，完善社会参与机制，这就要求进一步增加减缓气候变化的资金投入。

由于核算边界、口径、方法学、假设和情景设置等方面的不同，现有对中国减缓气候变化未来投资需求的评估结果差异较大，但一般为每年 1.3 万亿～2.9 万亿元。而根据国家气候战略中心的最新测算，2016—2030 年中国实现国家自主贡献减缓目标的累计资金需求约为 32 万亿元（2015 年不变价），相当于年均约 2.1 万亿元，其中新增节能投资需求约为 13 万亿元，低碳能源投资需求约为 17.6 万亿元，森林碳汇投资需求约为 1.3 万亿元。

（二）中国适应气候变化的资金需求

为落实《国家自主贡献》中的适应气候变化目标，切实全面提高适应气候变化的能力，中国需继续主动适应气候变化，在农业、林业、水资源等重点领域和城市、沿海、生态脆弱地区形成有效抵御气候变化风险的机制和能力，逐步完善观测预测预警和防灾减灾体系，这同样需要进一步增加适应气候变化的资金投入。

目前有关中国适应气候变化资金需求的研究几乎为空白，且与减缓一样，适应资金需求评估结果也受覆盖范围、目标量化方法、时间尺度和未来排放路径、适应力度等多种因素的影响，存在较大不确定性。根据国家气候战略中心最新测算，2016—2030 年中国实现《国家自主贡献》适应目标的资金需求约为 24 万亿元，相当于年均约 1.6 万亿元。

（三）中国实现国家自主贡献目标的总资金需求

综合来看，2016—2030 年这 15 年间，中国实现《国家自主贡献》目标的总资金需求约 56 万亿元，平均每年约 3.7 万亿元，相当于 2016 年中国全社会固定资产投资总额的 6.3%。同时，随着应对气候变化力度的提高和面临的气候变化风险的增加，年均应对气候变化资金需求呈加速增长态势。

二、中国应对气候变化的资金投入

为解决应对气候变化的资金需求，中国政府在撬动气候资金方面进行了一些有益尝试，已取得初步成效。国务院印发的《"十三五"控温方案》中着重提出"出台综合配套政策，完善气候投融资机制，更好发挥中国清洁发展机制基金作用，积极运用政府和社会资本合作（PPP）模式及绿色债券等手段，支持应对气候变化和低碳发展工作"，同时提出要在"十三五"期间"以投资政策引导、强化金融支持为重点，推动开展气候投融资试点工作"。

（一）气候资金投入的规模和用途

2005 年以来，国内通过直接赠款、以奖代补、税收减免、政策型基金、投资国有资产等形式将资金投向气候变化领域，支持了大量应对气候变化行动，并撬动了广泛的社会资金。中国气候资金的来源、渠道、工具和用途如图 5-1 所示。

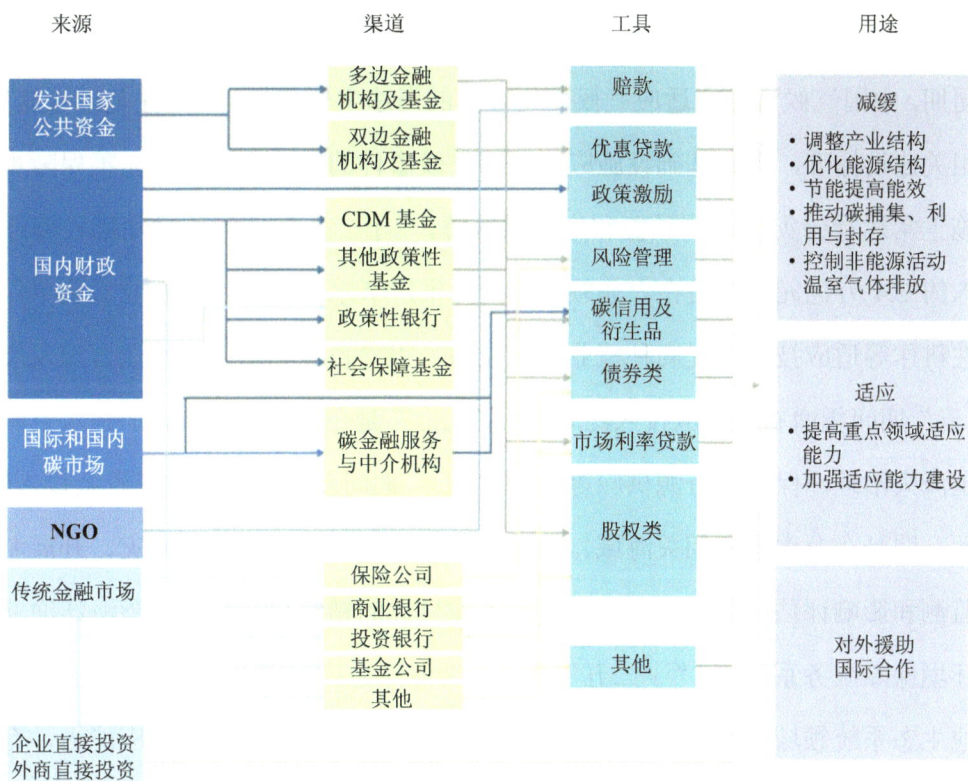

图 5-1　中国气候资金来源、渠道、工具及用途

从资金规模来看，根据国家气候战略中心的最新估算，"十二五"期间中国减缓气候变化的资金投入约为 8 万亿元，年均投入 1.6 万亿元；中国适应气候变化的资金投入约为 3.9 万亿元，年均投入 0.78 万亿元。应对气候变化的资金投入总规模达年均 2.38 万亿元。即便如此，与 2016—2030 年年均约 3.7 万亿元的资金需求相比，每年仍有约 1.3 万亿元的资金缺口，增加气候资金投入和提高气候投融资力度仍将是面临的迫切任务。

从资金用途来看，中国气候资金在减缓气候变化方面的用途主要包括：一是用于优化能源结构，重点发展非化石能源等，"十二五"期间新增低碳能源投资约 4.4 万亿元；二是用于节约能源和提高能效，支持开展重点行业的节能改造等，"十二五"期间新增节能投资约 2.7 万亿元；三是用于增加碳汇、支持造林等，"十二五"期间新增碳汇资金投入约 0.9 万亿元。此外，减缓资金的用途还包括：①调整产业结构，通过设立基金和补贴等方式促进战略性新兴产业的发展；②控制非能源活动温室气体排放，对 HFC-23 销毁装置予以运行经费补贴；③推动碳捕集、利用与封存等先进技术的科研和示范等。由于缺少统计，此部分资金投入并未纳入核算。

同期，中国气候资金在适应气候变化方面的用途主要包括：一是在基础设施领域，修订相关建设标准，提高基础设施应对极端气候事件的能力，建立和完善保障重大基础设施正常运行的灾害监测预警和应急系统等，"十二五"期间新增基础设施适应资金投入约 2.4 万亿元；二是在农业领域，大力推广节水灌溉、旱作农业、抗旱保墒与保护性耕作等适应技术，提高种植业适应能力，引导畜禽和水产养殖业合理发展等，"十二五"期间新增农业适应投入约 0.3 万亿元；三是在水资源领域，加强水资源保护与水土流失治理，保障水资源供应等，"十二五"期间新增水资源适应资金投入约 0.3 万亿元；四是在海岸带和相关海域，加强海洋灾害观测预警和防灾减灾，开展海平面变化监测和影响评估，强化面向沿海重点保障目标的精细化预报，完善海洋渔业生产安全环境保障服务系统等，"十二五"期间新增海洋适应资金 0.1 万亿元；五是在森林和其他生态系统领域，实施湿地保护恢复工程，提升湿地生态系统适应能力，有效控制森林灾害，加强生态保护和治理等，"十二五"期间新增生态适应资金 0.7 万亿元；六是在人体健康领域，完善卫生防疫体系建设，开展气候变化对敏感脆弱人群健康的影响评估，建立和完善人体健康相关的天气监测预警网络和公共信息服务系统，加强卫生应急准备，制定和完善应对高温中暑、低温雨雪冰冻、雾霾等极端天气气候事件的卫生应急预案等，"十二五"期间新增人体健康适应资金 0.2 万亿元。

（二）气候资金投入的来源和渠道

中国气候资金的来源和渠道主要包括财政预算资金、政策性银行、其他公共资金、公益事业资金和私营部门投资。

1. 财政预算资金

财政预算资金主要通过节能减碳奖励、贷款贴息、税费减免、融资扶持、政府采购等方式支持应对气候变化行动。从图 5-2 中可以看出，2007 年以来，中国气候变化相关财政预算资金支出[①]增长显著，占财政预算比例也持续增加，从 2007 年的 2%增

[①] 因无法获得进一步细分的时间序列数据，此数据包括用于污染物控制和减排的财政支出。

长到了 2016 年的 2.5%，2007—2016 年累计财政支出达 2.92 万亿元。根据最新获得的部门数据，2016 年国家财政直接用于支持减缓和适应气候变化的资金达 2 657.69 亿元（表 5-1），其中，能效领域财政支出达 622.7 亿元，主要用于交通运输节能减排、民航节能减排、节能减排财政政策综合示范、新能源汽车应用推广、高效节能产品推广补助、建筑节能等；可再生能源领域的财政支出达 86.1 亿元，主要用于清洁能源开发利用、生物质能源化、可再生能源开发利用等。

图 5-2 2007—2016 年国家财政支出中气候相关支出金额及占比

表 5-1 2016 年用于气候相关行动的国家财政支出

气候相关支出项目	预算数/亿元	决算数/亿元	决算占预算的比重/%
自然生态保护	309.43	326.54	105.5
天然林保护	239.74	274.09	114.3
退耕还林	345.39	276.04	79.9
风沙荒漠治理	42.45	43.45	102.4
退牧还草	17.61	23.99	136.2
已垦草原退耕还草	0.17	4.26	2 505.9
能源节约利用	817.92	622.65	76.1
可再生能源	184.56	86.12	46.7
循环经济	71.06	61.62	86.7
能源管理事务	218.26	151.44	69.4
其他节能环保支出	555.44	787.49	141.8
总计	2 802.03	2 657.69	95.0

数据来源：《中国财政年鉴 2017》。

2．政策性银行

中国政策性银行包括国家开发银行、中国进出口银行和中国农业发展银行，在应对气候变化领域侧重为投资规模大、周期长、经济效益见效慢的项目提供支持。截至2016年，国开行绿色信贷贷款余额近1.6万亿元，新能源和可再生能源行业贷款余额4 059亿元①。进出口银行建立了以转贷款、节能环保贷款、转型升级贷款及传统优势信贷品种为核心的绿色信贷产品体系，截至2015年贷款余额为1 006亿元②。

3．其他公共资金

除公共财政预算和政策性银行外，中国还投入了清洁发展机制项目国家收入、可再生能源发展基金收入等其他预算外公共资金用于气候变化。

2010年9月，经国务院批准，财政部、国家发展改革委等7部委联合颁布《中国清洁发展机制基金管理办法》，设立了专门用于支持国家应对气候变化工作的清洁发展机制基金，基金资金来源包括清洁发展机制项目国家收入、基金运营收入、国内外机构组织和个人捐赠以及其他来源。截至2016年，清洁发展机制基金累计安排11.3亿元赠款资金，支持了522个赠款项目。同时，清洁发展机制基金审核通过了246个委托贷款项目，覆盖全国26个省（区、市），安排贷款资金148.7亿元，撬动社会资金792.7亿元③。

2006年，中国建立了支持可再生能源电力发展的固定电价和费用分摊制度，2011年年底设立了专门的可再生能源发展基金，在全国范围内征收可再生能源电价附加，用于可再生能源电价补贴和接网费用以及独立可再生能源运行费用补贴。2006—2011年，国家发展改革委通过省（区、市）间可再生能源电价附加资金调剂的方式，共发放8期电价补贴，累计补贴资金达到339亿元。自2012年开始，可再生能源电价补贴由可再生能源发展基金发放，2012—2016年基金累计补贴额为2 138亿元④。

4．公益事业资金

中国与气候变化相关的公益事业资金主要来自企业、社会团体以及个人捐资，通过绿色公募基金、企业社会责任行动的形式投入气候变化领域。中国绿色公募基金包

① 数据来源于 http://www.xinhuanet.com/fortune/2016-08/19/c_129242931.htm。
② 数据来源于 http://www.eximbank.gov.cn/tm/medialist/index_26_30747.html。
③ 数据来源于中国清洁发展基金官网。
④ 数据来源于《中国统计年鉴2013》《中国统计年鉴2017》。

括中国绿化基金会和中国绿色碳汇基金会等，基金会的资金主要来源是国内外自然人、法人或其他组织的捐赠，政府资助以及基金增值。2016 年中国接收国内外款物捐赠共计 1 392.9 亿元[①]，其中有 4.8%流向生态环境和减灾救灾领域。企业仍为捐赠主力，其中民营企业贡献近五成。

5. 私营部门投资

私营部门投资包括传统金融市场以及企业或外商直接投资等。传统金融机构包括保险公司、商业银行、投资银行、基金公司等机构，通过创新绿色金融工具，提供涉及风险管理、债券、贷款等多元化的资金与信贷支持渠道。截至 2016 年年末，21 家主要银行业金融机构的绿色信贷余额约 7.51 万亿元，约占各项贷款余额的 8.83%，其中节能环保、新能源、新能源汽车等战略新兴产业贷款余额为 1.70 万亿元。2016 年中国成为全球最大的绿色债券市场，绿色债券规模总量达 2 380 亿元[②]。

通过发挥财政资金的引导与撬动作用，中国还吸引不同类型的企业直接投资应对气候变化工作，政府与社会资本合作模式（PPP）在绿色低碳领域的运用进一步深化，项目投资回报机制不断健全，社会资本开始在气候投融资领域发挥作用。截至 2016 年，绿色低碳 PPP 项目已达 7 826 个，总投资达 6.44 万亿元[③]。2005—2017 年，中国累计清洁能源投资达 7 819 亿美元，2014 年已超过欧盟成为世界第一大投资国[④]。

三、中国获得的国际气候资金支持

中国从《公约》下资金机制、多边机构和双边合作机制等多种渠道获得了赠款和优惠贷款等国际资金支持。

（一）从《公约》下资金机制获得的资金支持

2010—2016 年，中国获得全球环境基金（GEF）赠款支持的气候变化领域国别项目共计 19 个，合同金额总计为 1.32 亿美元，主要涉及能效提升、低碳交通、建筑节

---

① 数据来源于《2016 年度中国慈善捐助报告》。
② 数据来源于《中国绿色债券市场现状报告 2016》。
③ 数据来源于财政部 PPP 项目库。
④ 数据来源于彭博新能源财经《清洁能源投资趋势 2017》。

能、低碳城市示范等领域。具体项目支持情况见表 5-2。

此外，中国尚未从绿色气候基金（GCF）获得资助。

表 5-2   中国从《公约》下资金机制获得的资金支持   单位：万美元

	项目名称	资金来源	合同金额	项目周期
1	中国燃料电池汽车联合示范项目	GEF	823	2016—2020 年
2	促进半导体照明市场转化推广节能环保新光源项目	GEF	624	2016—2020 年
3	浙江省绿色物流平台协作示范工程项目	GEF	291	2016—2020 年
4	通过国际合作促进中国清洁绿色低碳城市发展	GEF	200	2016—2017 年
5	中国高效电机促进项目	GEF	350	2015—2020 年
6	中国森林可持续管理、提高森林应对气候变化适应力项目	GEF	715	2015—2021 年
7	气候智慧型主要粮食作物生产	GEF	510	2014—2019 年
8	气候变化第三次国家信息通报	GEF	728	2014—2018 年
9	中国城市建筑节能与可再生能源应用项目	GEF	1 200	2013—2018 年
10	工业供热系统和高耗能特种设备能效促进项目	GEF	538	2014—2018 年
11	河北省节能减排促进项目	GEF	365	2013—2018 年
12	江西吉安可持续城市交通项目	GEF	255	2014—
13	江西抚州城市基础设施综合改善项目	GEF	255	2013—
14	可再生能源规模化发展项目二期	GEF	2 728	2013—2018 年
15	上海发展绿色能源建设低碳城区	GEF	435	2013—2018 年
16	缓解城市交通拥堵，减少温室气体排放项目	GEF	1 818	2013—2018 年
17	中国城市群综合交通发展战略研究与试点项目	GEF	480	2011—2016 年
18	中国工业企业能效促进项目	GEF	400	2011—2016 年
19	应对气候变化的技术需求评估项目	GEF	500	2012—2016 年
	总计		13 215	

数据来源：财政部。

（二）从多边机构获得的资金支持

中国政府高度重视同亚洲开发银行（ADB）等多边机构的合作。2010—2016 年，中国同 ADB 达成技术援助项目 23 个，合同金额总计约为 1 815 万美元；同其他多边机构达成技术援助项目 1 个，合同金额为 800 万美元。总计 24 个项目，资金额度为 2 615 万美元。具体项目支持情况见表 5-3。

表 5-3　中国从多边机构获得的赠款资金支持　　　　单位：万美元

	项目名称	资金来源	资金额度	项目周期
1	京津冀区域绿色融资平台能力建设项目	ADB	50	2016—2018 年
2	南南合作伙伴推广项目	ADB	40	2015—2019 年
3	京津冀区域落实气候与空气质量目标成本节约型政策开发项目	ADB	83	2016—2018 年
4	陕西能效和环境改善融资项目	ADB	60	2015—2016 年
5	中国西部地区可持续和气候适应型土地管理研究	ADB	525	2015—2019 年
6	开发促进电力部门需求侧管理的创新型融资机制和激励政策	ADB	70	2015—2017 年
7	实现 2020 年低碳目标的战略分析和政策建议	ADB	95	2014—2016 年
8	改善中国制造业能源利用效率、排放控制和合规管理项目	ADB	35	2014—2016 年
9	青岛智慧低碳区域能源项目	ADB	60	2014—2016 年
10	河北省强化分布式可再生能源利用能力建设项目	ADB	30	2014—2015 年
11	内蒙古自治区呼和浩特市低碳区供暖改造项目	ADB	60	2013—2016 年
12	提高宁波市低碳发展能力项目	ADB	50	2013—2015 年
13	化学制品行业提高能效和减排项目	ADB	70	2013—2016 年
14	甘肃金塔集中式太阳能发电项目	ADB	55	2013—2015 年
15	甘肃省强化实现新能源城市能力建设项目	ADB	75	2012—2015 年
16	通过碳排放交易体系推动上海市碳市场试点工作	ADB	50	2012—2014 年
17	通过强化能效标识制度推广节能产品项目	ADB	40	2012—2014 年
18	强化中国低碳发展的能源制度体系项目	ADB	72	2012—2015 年
19	天津市碳交易试点开发项目	ADB	75	2012—2013 年
20	黑龙江省能源节约型区域供暖项目	ADB	55	2011—2013 年

	项目名称	资金来源	资金额度	项目周期
21	陕西省能效和环境改善项目	ADB	55	2011—2013 年
22	天津市能源节约推广项目	ADB	40	2010—2013 年
23	青海省可再生能源开发项目	ADB	70	2010—2012 年
24	中国市场伙伴准备基金项目	PMR	800	2014—2018 年
	总计		2 615	

注：为统一核算口径，按照 2015 年汇率折算成美元。由于四舍五入的原因，表中各分项之和与总计可能有微小的出入。

数据来源：世界银行、亚洲开发银行官网和财政部。

同时，2010—2016 年，14 个省（区、市）还从世界银行（WB）和亚洲开发银行获得累计 40.8 亿美元的优惠贷款，主要用于城市可持续发展、可持续交通体系构建和清洁能源供给等领域的 43 个项目。具体项目支持情况见表 5-4。

表 5-4　中国从多边机构获得的优惠贷款项目支持　　　　单位：10^6 美元

	项目名称	资金来源	资金额度	项目周期
1	宁波可持续城镇化项目	WB	150	2016—2021 年
2	河北大气污染防治项目	WB	500	2016—2018 年
3	华夏银行大气污染防治项目	WB	500	2016—2022 年
4	河北省清洁供热示范项目	WB	100	2016—2021 年
5	河北农村新能源开发项目	WB	72	2015—2020 年
6	中国气候智慧型农业项目	WB	25	2014—2020 年
7	上海建筑节能和低碳城区建设示范项目	WB	100	2013—2018 年
8	辽宁沿海经济带城市基础设施和环境治理项目	WB	150	2013—2018 年
9	中国能效融资项目	WB	100	2011—
10	京津冀地区排放治理政策改革项目	ADB	300	2015—2017 年
11	江西吉安可持续城市交通项目	ADB	120	2015—2020 年
12	内蒙古自治区呼和浩特市低碳供暖项目	ADB	150	2015—2020 年
13	新疆阿克苏城市综合发展及环境改善项目	ADB	150	2016—2021 年
14	安徽多式联运可持续交通项目	ADB	100	2014—2021 年
15	青海德令哈太阳能集中供热项目	ADB	150	2014—2019 年
16	湖北宜昌可持续城市交通项目	ADB	150	2014—2018 年

	项目名称	资金来源	资金额度	项目周期
17	黑龙江节能示范区供暖项目	ADB	150	2013—2018 年
18	河北能效提高和温室气体减排项目	ADB	100	2014—2018 年
19	江西可持续森林生态系统项目	ADB	40	2011—2017 年
20	河南信阳风力发电项目	EIB	64	2009—2010 年
21	海南东方风力发电项目	EIB	27	2009—2010 年
22	广东湛江灯楼角风力发电项目	EIB	27	2009—2010 年
23	广东湛江勇士风力发电项目	EIB	27	2009—2010 年
24	内蒙古碳汇林示范项目	EIB	27	2011—2015 年
25	江西生物质能源林示范项目	EIB	27	2009—2013 年
26	四川地震灾后恢复重建项目	EIB	85	2009—2013 年
27	山东济南热电联产综合节能改造项目	EIB	33	2015—2017 年
28	湖北宜昌小水电发展项目	EIB	28	2009—2012 年
29	中国奥华化工集团公司节能减排项目	EIB	71	2010—2013 年
30	辽宁林业项目	EIB	32	2014—2017 年
31	湖南油茶发展项目	EIB	37	2015—2019 年
32	黑龙江哈尔滨既有建筑节能改造项目	EIB	53	2013—2015 年
33	新疆乌鲁木齐既有公共建筑节能改造项目	EIB	43	2015—2018 年
34	重庆林业发展项目	EIB	32	2015—2019 年
35	区域林业项目（国家林业局打捆珍稀树种）	EIB	107	2015—2019 年
36	山东省沿海防护林工程建设项目	EIB	35	2015—2019 年
37	山西省沿黄河流域生态恢复林业项目	EIB	27	2015—2019 年
38	福建省林业项目	EIB	32	2016—2020 年
39	河南固始县生物质热电联产项目	EIB	32	2014—2017 年
40	山东潍坊供热制冷节能减排改造项目	EIB	41	2015—2017 年
41	贵州省黔东南州森林可持续经营项目	EIB	27	2016—2020 年
42	江西省鄱阳湖流域森林质量提升示范项目	EIB	27	2016—2020 年
43	黑龙江省北方特殊林木可持续培育项目	EIB	27	2016—2020 年
	总计		4 075	

注：为统一核算口径，按照 2015 年汇率折算成美元。由于四舍五入的原因，表中各分项之和与总计可能有微小的出入。

数据来源：世界银行、亚洲开发银行官网和财政部。

（三）从双边渠道获得的资金支持

中国还致力于同《公约》附件二缔约方在气候变化和绿色低碳发展领域开展务实合作，与欧盟、法国、德国、意大利、挪威、丹麦、瑞士等多个国家和地区在碳市场、能效、低碳城市、适应气候变化等领域开展了卓有成效的项目层面合作，见表 5-5。

表 5-5　中国获得应对气候变化双边合作项目支持情况　　　　　单位：万美元

	项目名称	资金来源	资金额度	项目周期
1	中瑞低碳城市示范项目	瑞士	693	2015—2019 年
2	中欧碳交易能力建设项目	欧盟	534	2014—2017 年
3	中欧低碳生态城市合作项目	欧盟	999	2014—2017 年
4	重庆市、广东省低碳产品认证项目	欧盟/UNDP	96	2013—2014 年
5	中意应对气候变化培训研讨项目	意大利	299	2012—2017 年
6	中国基于"十二五"的适应气候变化战略应用研究	挪威	10	2010—2016 年
7	中挪生物多样性与气候变化项目	挪威	232	2011—2014 年
8	中丹可再生能源发展项目	丹麦	1 430	2009—2013 年
9	山西晋中集中供热	法国	2 988	2010—
10	山西太原集中供热	法国	4 269	2010—
11	湖北武汉公共建筑节能	法国	2 134	2010—
12	湖北襄阳小水电	法国	2 241	2010—
13	山东济南集中供热	法国	4 269	2012—
14	湖南林业可持续经营	法国	3 266	2013—
15	黑龙江伊春热电联产	法国	3 735	2014—
16	山东青岛高新区冷热电联产	法国	2 134	2016—
17	山东淄博中心城区供热	法国	2 732	2016—
18	中德建筑节能领域关键参与者能力建设项目	德国	208	2013—2016 年
19	中国公共建筑节能项目	德国	320	2011—2015 年
20	建筑节能与气候保护：中国北方既有居住建筑采暖能耗基准线研究项目	德国	213	2010—2013 年
21	青岛市开源集团徐家东山集中供热	德国	3 821	2011—

	项目名称	资金来源	资金额度	项目周期
22	四川林业可持续经营管理	德国	1 067	2011—
23	吉林通化市既有建筑节能改造	德国	3 882	2012—
24	河北唐山市保障性安居工程既有居住建筑节能改造	德国	2 455	2012—
25	甘肃天水市东区集中供热	德国	1 654	2012—
26	甘肃武威市城区供热	德国	7 150	2013—
27	内蒙古呼和浩特市城发公司桥靠和三合村热源厂区域集中供热	德国	3 735	2013—
28	甘肃临夏市城区集中供热	德国	4 269	2014—
29	山西平遥县和祁县集中供热工程	德国	38 815	2014—
	总计		99 650	

注：1. 欧盟、挪威、丹麦、瑞士支持分别以欧元、挪威克朗、丹麦克朗和瑞士法郎支付，为统一核算口径，按照2015年汇率折算成美元，其中，2015年美元兑欧元汇率为0.937，美元兑挪威克朗汇率为8.392，美元兑丹麦克朗汇率为6.991，美元兑瑞士法郎汇率为1.001（https://www.irs.gov/individuals/international-taxpayers/yearly-average-currency-exchange-rates）。

2. 由于四舍五入的原因，表中各分项之和与总计可能有微小的出入。

3. 数据来源于双边渠道下获得的资金主要在《中华人民共和国气候变化第一次两年更新报告》的基础上更新。部分暂时无法获取具体项目信息和资助金额的支持项目暂未列入本表。

（四）存在的问题和挑战

1. 发达国家资金支持整体规模不足，难以弥补应对气候变化的资金缺口

2016—2030年，中国实施《国家自主贡献》平均每年面临大约1.3万亿元的资金缺口，而自2010年以来，中国从《公约》下资金机制、多边和双边渠道获得的赠款和优惠贷款总额仅为52亿美元左右，应对气候变化若主要靠国内投入，仍无法满足日益增长的应对气候变化的资金需求。发达国家需要进一步扩大资助规模，为中国应对气候变化提供充分、稳定、有效的资金支持。

2. 获得的国际资金支持主要投入减缓领域，缺少对适应项目的有力支持

中国无论是从《公约》下资金机制还是从多边、双边渠道获得的支持项目，大部分资金都是针对减缓领域，而适应领域的支持项目数量少、资金规模小。中国适应气候变化任务繁重，对适应领域的资金需求不断加大，而获取援助资金与实际需求差距进一步凸显出中国对适应资金援助需求的紧迫性。

第二章 应对气候变化技术需求

一、中国应对气候变化技术行动

（一）中国应对气候变化的技术战略与政策行动

在国家总体科技创新战略的基础上，结合低碳发展目标、战略任务、政策措施与体制机制等要素，中国制定并不断完善应对气候变化科技发展战略、规划和政策。

1. 形成了促进低碳技术发展的战略与政策体系

《国家中长期科学和技术发展规划纲要（2006—2020 年）》把低碳能源技术确定为国家科学技术发展的重点领域；随后出台的《"十二五"国家应对气候变化科技发展专项规划》更全面地部署了应对气候变化的政策措施；《中共中央、国务院关于深化体制机制改革加快实施创新驱动发展战略的若干意见》专门提出对新能源汽车、风电、光伏等领域"实行有针对性的准入政策"以支持低碳技术发展。

2. 开展了重点领域应对气候变化的技术研究和能力建设

中国将减缓气候变化的核心技术作为优先领域，纳入《国家中长期科学和技术发展规划纲要（2006—2020 年）》。针对较为成熟的技术领域，提出工业节能、煤炭的清洁高效开发利用、液化及多联产、复杂地质油气资源勘探开发利用、可再生能源低成本规模化开发利用和超大规模输配电和电网安全保障等能源领域的优先主题；针对前沿技术领域，提出氢能及燃料电池技术、分布式供能技术、快中子堆技术、磁约束核聚变等先进能源技术。在具体措施上，《国家中长期科学和技术发展规划纲要（2006—2020 年）》提出要加大研发投入，提高自主创新能力，将技术引进与国内消化、吸收、创新相结合，加快先进技术产业化的步伐。

3．健全应对气候变化法律、法规和制度体系

中国进一步加强了法律、法规、政策等制度和机制建设，以促进减缓和适应气候变化技术的研发及大规模产业化发展。中国编制发布了《国家应对气候变化规划（2014—2020 年）》，修改完善了能源、节能、可再生能源、循环经济、环保、林业、农业等领域的法律法规，推动重点领域应对气候变化技术的开发和应用。

4．加强技术开发、科学研究和人才培养

《国家自主贡献》中明确提出加强对节能降耗，可再生能源和先进核能，碳捕集、利用与封存等低碳技术的研发和产业化示范，推广利用二氧化碳驱油、驱煤层气技术；研发极端天气预报预警技术，开发生物固氮、病虫害绿色防控、设施农业技术，加强综合节水、海水淡化等技术研发，并提出健全应对气候变化科技支撑体系，建立政、产、学、研有效结合机制，加强应对气候变化专业人才培养。

（二）中国国内的技术推广支持工作

2010 年以来，国家发展改革委依据《中华人民共和国节约能源法》《国务院关于加强节能工作的决定》和《国务院关于印发节能减排综合性工作方案的通知》等要求，开始《国家重点节能技术推广目录》的编纂工作，目前已完成六批国家重点节能技术推广目录。同时，国家发展改革委还从 2014 年起开始编纂《国家重点节能低碳技术推广目录》，并最终形成《国家重点节能低碳技术推广目录》。2015 年以来，科技部会同环境保护部、工业和信息化部编制并发布了两批《节能减排与低碳技术成果转化推广清单》，供各类工业企业、财政投资或产业技术资金、各类绿色低碳领域的公益、私募基金及风险投资机构等用户在进行节能和减少温室气体排放技术升级和改造时参考。2017 年，科技部牵头建设绿色技术银行，通过"技术+金融"手段促进绿色技术向国内、国际市场推广示范。

（三）中国对国际的技术推广支持工作

科技部于 2010 年发布了《南南科技合作应对气候变化适用技术手册》。手册汇编了中国在应对气候变化方面适用于发展中国家推广的成熟技术，包括可再生能源、农

业、林业、废弃物利用、水资源、资源环境、防沙治沙、建筑节能、工业节能减排、民用和商业节能减排、减灾防灾、健康等领域。该手册和技术清单通过多种形式的渠道进行了发布宣传，为加强南南科技合作提供指导。同时，中国科学技术交流中心收集了国内科研机构和企业的技术信息及在发展中国家应用的成功案例，广泛地听取了发展中国家就适用技术需求提出的建议，并开通了科技合作应对气候变化的英文网站（http://www.cstec.org.cn/en/），提供手册及其他资料的免费下载。

二、中国应对气候变化的技术需求

第二次国家信息通报在减缓与适应气候变化方面均提出了明确的技术需求清单，其中减缓技术需求集中在能源、钢铁、交通、建筑以及通用技术等五个方面，包括 IGCC 发电技术、新型核能技术、大规模海上风力发电技术、可再生能源技术、氢能与燃料电池技术、智能电网与储能技术、碳捕集与封存技术、大型燃气轮机技术、熔融还原技术、直接炼钢技术、高效纯电动汽车技术、建筑节能技术、路用新材料技术、新型墙体材料技术等较为详细的技术需求；适应技术需求则集中在综合观测、数值预报、农业领域、海岸带防护和生态系统等五个领域。

基于第二次国家信息通报提出的技术需求，国家发展改革委利用世界银行中国应对气候变化技术需求评估项目，结合中国近期出台的应对气候变化相关技术战略规划与行动方案，对中国应对气候变化技术需求进行了更新，确立了煤炭开采、油气勘探开发、火电、可再生能源、钢铁、建筑材料、化工、有色金属、交通运输、民用住宅和商业建筑、农业、森林与土地利用、碳捕集与封存和废弃物处理等 14 个行业和部门作为优先的技术需求部门，覆盖了中国当前排放以及未来减排潜力的绝大部分；在适应技术需求方面确定了农业，森林和生态系统，水资源，城市、灾害预报和气象监测四个领域作为优先的技术需求部门。

（一）减缓方面技术需求

虽然中国减缓方面的技术已经取得了一些进步，但中国的边际减排成本依旧很高。中国以煤炭为主要能源的消费结构长时间内不会发生根本性改变，高参数大容量超超临界发电技术、燃气蒸汽联合循环发电技术等是中国目前关键的减缓技术。此外，高效、稳妥、安全地发展核电，加强核电设备研发和制造能力，加快页岩气技术研究和可再生资源开发对优化能源结构、提高能源效率、推动节能减排和促进经济社会发展具有重大战略意义，因此先进核电技术、页岩气开发和利用技术、二次再热发电技术、海上风电技术、薄膜光伏电池技术等是中国紧迫的技术需求。另外，钢铁行业、交通运输行业、建筑材料行业、化工行业都是重要的基础工业，其能耗的降低对中国低碳发展起到关键作用，其中电动汽车和航空发动机等领域的关键核心技术、货运运输组织模式优化技术、道路运输企业能耗监测与统计分析技术、熔融还原炼铁技术、水泥窑炉智能优化控制系统技术、高含二氧化碳天然气制甲醇技术、无二氧化碳排放型粉煤加压输送技术等都是优先需求的方面。详细清单参见表 5-6。

表 5-6　优先减缓技术需求清单

部门/行业	技术类型	核心技术及其描述
能源	1 000 MW 高参数大容量超超临界发电技术	配套锅炉、汽轮机的设计与制造：主要技术设备为高参数大容量超超临界锅炉与汽轮机。锅炉可提供蒸汽压力大于 30 MPa、温度大于 620℃的高效率工质
	燃气蒸汽联合循环发电技术（150 MW 级）	燃气轮机生产的核心部件如高温零部件、控制系统、转子等：低热值煤气燃气-蒸汽联合循环（CCPP）发电系统是将钢铁企业高炉等副产煤气从钢铁能源管网输送经除尘器净化后，再经加压后与空气过滤器净化及加压后的空气混合进入燃气轮机燃烧室内混合燃烧，高温高压烟气直接在燃气透平内膨胀做功并带动空气压缩机与发电机完成燃机的单循环发电
	页岩气开发技术	页岩气开发中的设备与技术：二氧化碳增强页岩气技术（CO_2-ESGR）是指利用 CO_2 在页岩储层孔隙中极好的流动以及更易于被页岩基质所吸附的特性，将其注入页岩储层中将页岩气驱赶和替换出来，从而提高页岩气采收率和日产量，同时利用储层封存 CO_2 的过程
	核能发电技术	核电设备研发与制造技术：通过研制核电关键设备和关键部件大锻件，掌握大型不锈钢锻件的冶炼、锻造、加工及弯制成型等关键技术
	汽轮机系统改造	汽轮机设计与制造：通过采用先进的汽轮机设计（包括叶片线型及级数），改进汽轮机结构，提高汽轮机汽缸密闭性，提高汽轮机效率
可再生能源	海上风电技术	直驱电机、双馈电机柔性齿轮箱、海上风机基础、海底电缆设计铺设技术、风机抗台风技术等：在相同高度，离岸 10 km 的海上风速通常比陆上高 25%。海上风湍流强度小，具有稳定的主导风向，机组承受的疲劳负荷较低，使得风机寿命更长；风切变小，因而塔架可以较低。同时，由于中国沿海地区普遍属于经济发达地区，海上风电靠近负荷中心

部门/行业	技术类型	核心技术及其描述
可再生能源	薄膜光伏电池技术	薄膜电池采用透明的导电氧化物薄膜（TCO）基板、效率10%以上薄膜电池产业化制造技术（溅射技术）等：用硅量极少，更容易降低成本，同时它既是一种高效能源产品，又是一种新型建筑材料，更容易与建筑完美结合。薄膜电池具有一个独特的优势，即受阴影影响的功率损失较小
钢铁行业	熔融还原炼铁技术（包括COREX、FINEX技术）	COREX C-3000核心技术：炉料结构的改进、竖炉的操作、气流分布的调整、设备的改进与维修、COREX的长寿、炉前作业的优化等技术与方法。 FINEX核心技术：①铁矿石流态化床还原工艺；②部分还原铁压块装入熔融气化炉的工艺；③煤的加入方法；④煤气中CO_2脱除装置。 FINEX工艺是对COREX工艺的较大改进和持续技术创新，尤其是粉煤利用技术和煤气循环利用技术的开发及应用，大大提升了该工艺的技术竞争力。现有COREX工艺必须解决竖炉大型化后的设计问题和竖炉与气化炉连接环节的顺行问题，并在用煤资源拓展、粉煤利用、入炉燃料质量和燃料结构优化以及煤气高质量利用等方面进行较大改进创新，大幅降低原燃料和铁水成本，才能提高其竞争力
建筑材料行业	水泥窑炉智能优化控制系统	生活垃圾入窑前的预处理热工设备：利用模糊逻辑、神经网络、遗传优化等先进算法，建立水泥窑炉煅烧相关模型，根据原燃料特性与生产工况，智能调试生产控制参数，稳定生产工况，降低煅烧热耗
交通运输行业	电动汽车	电池成组技术：电动车是指以车载电池为动力输出，用电机驱动车轮行驶，符合道路交通、安全法规和国家标准各项要求的乘用车辆
	航空发动机	航空发动机节能改造：通过飞机发动机节能改装可以大幅提高发动机寿命、降低飞机维修成本及航空煤油的燃油消耗量
	货运运输组织模式优化技术	主要采用GPRS、GPS和车载终端相结合的信息化技术，进行车辆的实时调度、监控、管理和货运的集货、装载、统一调配等，根据车辆特性、货源情况、运营线路，科学利用甩挂运输等高效运输组织方式，优化运输模式，实现货运车辆实载率和运行效率的提升
	道路运输企业能耗监测与统计分析技术	主要利用车载终端采集发动机运行数据、车辆状况信息、驾驶员驾驶行为及GPS卫星定位信息，实时传输至数据处理中心。数据处理中心将接收到的海量数据实时分析整理，为企业运营管理、驾驶员管理、车辆油耗定额制定、车辆匹配等各环节提供翔实的量化数据
民用住宅和商业建筑行业	泡沫材料和纤维素材料用外层绝热、膨胀防火涂料	石墨改性可发性聚苯乙烯：石墨改性可发性聚苯乙烯是石墨聚苯板的原材料，最早由德国化工企业BASF发明，有悬浮聚合法生产和挤出聚合法生产两种工艺。石墨改性可发性聚苯乙烯由于添加了红外吸收剂能更好吸收、反射热辐射，从而极大地提高材料的保温隔热性能
	高效节能窗户用自膨胀密封带	高效节能门窗配件的材料与制造工艺：用于门窗和墙体接缝的密封、窗台板与外墙外保温系统的密封以及穿透构件与保温层之间的密封。具有防风、防水、气密、隔音的效果

部门/行业	技术类型	核心技术及其描述
民用住宅和商业建筑行业	新风与排风热回收高效热湿交换膜	新风与排风热回收高效热湿交换膜：该技术材料能够实现其两侧气流间进行较高效率（75%以上）的热湿交换，同时两气流不会发生渗混、污染等情形，并且具有抑菌抗菌功能。该材料可应用于住宅和商业建筑空调系统的室外新风与室内排风间热回收处理，回收排风热量，对新风进行预热加湿（冬季）或预冷除湿（夏季）处理，降低空调系统负荷，提高系统运行能效
废弃物处理行业	焚烧厂-发电厂之燃气-蒸汽联合循环系统（WtE-GT）	内燃机、汽轮机和微型汽轮机：将垃圾焚烧电厂和天然气电厂组合运行，利用燃气轮机排出的尾气进一步提高垃圾焚烧余热锅炉产出蒸汽的温度，可以实现提高垃圾焚烧全厂热效率的目的
	再热循环（reheat cycle）系统	再热循环系统：在垃圾焚烧发电厂中，锅炉过热器把饱和蒸汽加热成过热蒸汽，过热蒸汽通过过热蒸汽出口进入汽轮机高压缸进行做功；高压缸的排气经过管路再次进入锅炉，通过设置其中的再热器进行加热，从而提高温度及焓值；再加热后的蒸汽通过再热器出口管路进入低压缸再次做功；再次做功后的低压缸排气进入凝汽器，形成凝结水；给水泵将凝结水循环进入锅炉内
化工行业	高含 CO_2 天然气制甲醇技术	顶烧转化炉（水冷列管式甲醇反应器系统）：采用高含 CO_2、N_2 的天然气为原料，其中 CO_2 和 N_2 各在20%以上，甲烷不足60%。LURGI 专有的最具代表性的水冷列管式甲醇反应器系统，热回收效率最高、床层温度分布最均匀、副产物最少、装卸催化剂最为简便、操作控制最为简单、在同类型单台反应器中产能最大
	无 CO_2 排放型粉煤加压输送技术	高压动态密封技术及密封材料和高密度输送技术：传统的粉煤加压输送技术及系统采用锁斗加压、气力输送的方法，需要消耗并放空大量的 CO_2，且有能耗大、速度慢、装备尺寸超高等问题，使用新型粉煤加压输送系统，可有效避免 CO_2 的排放

（二）适应方面技术需求

中国适应方面的技术需求与其他国家相比有很多一致之处，其中，农业领域存在最多数量的技术需求，农业节水技术、农业抗逆品种选育技术、农艺节水技术等是中国农业目前需要的适应性技术。水资源行业技术需求偏向于现代技术，如太阳能光伏提水灌溉系统节水技术。而灾害预警偏向于高新技术，如气候及气候变化综合影响评估技术、气象资料再分析技术等。在城市规划和发展完善基础设施等方面，目前需要海绵城市规划与实用技术、城市绿地布局优化技术、屋顶绿化技术、透水路面应用技术等适应性技术来提高城市适应气候变化能力。详细清单参见表5-7。

表 5-7   优先适应技术需求清单

行业	子行业	核心技术及其描述
农业森林和生态环境	农业节水技术	可降解的地膜生产技术：可降解的覆盖保墒材料包括光降解和生物降解类型的地膜。可降解地膜的主要作用是提高地温、蓄水保墒、减少土壤水分蒸发、改善土壤理化性质、抑制杂草、提高植物光合效率，从而提高成活率和促进幼苗生长
	农业抗逆品种选育	抗虫棉、水稻抗稻瘟、小麦抗赤霉病、小麦玉米抗旱等育种技术：利用已经识别的基因进行定向设计和构建具有特定性状的新物种的工作。例如，可以将抗棉铃虫的毒素基因植入棉花的基因组种子中，可以产生具有抗虫特性的棉花。农民在种植这种棉花时可以不施或少施农药，不仅可以保护环境，而且可以提高农民的收入
	森林生态系统	北方针叶林适应气候变化的采伐管理技术，采用景观干扰模型 LANDIS-II，制定森林管理的气候变化适应性措施，针对木材采伐利用设置不同的适应性森林管理方案：①规模控制措施。通过采伐形成不同空间位置和规模的林窗，目的在于使林龄结构与种群多样化，提高对气候变化的抵抗力。②林龄控制措施。针对已经达到成熟的林分进行采伐，通过促进和加快更新达到森林顶级群落，提高森林抵抗气候变化可能影响的能力。③组成控制措施。根据树种对气候变化的响应程度和管理价值的模拟结果，决定树种的采伐或保留。④权衡森林商品和服务供给能力的适应性森林管理技术：采用基于过程的森林模型（LandClim），分析不同气候变化和不同管理情景下的森林动态与商品和服务功能，分析木材生产和森林多样性之间的内在关联性，以及最具价值商品与服务能力
	水源工程建设	太阳能光伏提水灌溉节水技术：光伏提水是将太阳的辐射能转变成电能，再由电能驱动水泵来达到扬水的功效。太阳能光伏提水系统由光电池、控制器、光伏水泵组成
城市	发展完善基础设施	①海绵城市规划与实用技术：编制全流程规划，通过"渗、滞、蓄、净、用、排"等多种技术途径，实现城市良性水文循环，提高对径流雨水的渗透、调蓄、净化、利用和排放能力。中国在海绵城市全流程规划方法、具体的低影响开发（LID）项目设计上，与国外存在较大差距。②长距离高扬程大流量引水工程关键技术：利用一级泵站代替国内传统上多采用多级逐步抬升的方式，降低能耗与建设投资，其中高扬程大流量泵为关键制备。③屋顶绿化技术：通过屋顶植物类别配置、防止植物根系穿刺等技术提高植物抗风性，增强结构顶板荷载，对建筑物起到隔热保温的作用以及减缓地表径流。④透水路面应用技术：通过铺装透水性材料如透水沥青、透水混凝土、多孔草皮和开放连接砌块作为铺装表面材料，提高地表径流的下渗量。同时配备定期路面维护，以保持路面的有效排水性能
	城市规划	城市绿地布局优化技术：通过基础数据库建立、软件数字平台模拟、推导生成优化策略，将微气候策略落实到不同层级、不同尺度的城市绿地空间中，形成有效的城市通风廊道的一种技术

行业	子行业	核心技术及其描述
灾害预警与天气监测	影响评估与适应	气候及气候变化综合影响评估技术：研究气候变化的自然过程、生物过程以及人类活动过程的相互作用，涉及意义重大的跨学科协作，特别是自然—社会—经济各种关系和反馈的气候变化综合评估模型（Integrated Assessment Model，IAM）
	资料分析	气象资料再分析技术（含大气再分析全球产品和区域产品）：利用数值天气预报资料同化系统，在过去天气演变数字化的"现实"中，开展各种模式试验和诊断分析，对不同的模拟工具进行对比等，帮助人们了解大气运动的方式、认识不同时空尺度内气候变化和变率

三、中国获得的技术支持及问题与挑战

（一）发达国家对中国的技术支持

中国通过国际合作开展了一系列应对气候变化的技术开发与转让活动。表 5-8 集中反映了发达国家和地区对中国开展应对气候变化技术支持的信息。总体来看，这些活动集中在先进技术的可行性研究、能力建设或激励政策研究方面，仍然缺乏针对具体需求技术实现实质性转让的项目活动；同时，合作项目集中在减缓领域中的能源部门，针对技术需求清单中的核心技术的支持与合作需要加强。

表 5-8　双年报中发达国家和地区对中国技术支持汇总

支持方	信息来源	目标领域	部门/行业	技术类别
澳大利亚	第一次双年报	减缓	能源	共同研究、能力建设
欧盟	第一次双年报	减缓	能源	可行性研究
德国	第一次双年报	减缓	能源	技术改造、案例研究、能力建设
意大利	第一次双年报	减缓和适应	交通	能力建设、案例研究
挪威	第一次双年报	减缓	能源和工业	能力建设
澳大利亚	第二次双年报	减缓	能源	研究资助、能力建设
丹麦	第二次双年报	减缓	能源	能力建设
德国	第二次双年报	减缓	交通	软件技术、组织机制类
意大利	第二次双年报	减缓和适应	能源、交通	技术转移、能力建设、软件技术

支持方	信息来源	目标领域	部门/行业	技术类别
日本	第二次双年报	减缓	能源	可行性研究
挪威	第二次双年报	减缓	能源和工业	能力建设
西班牙	第二次双年报	减缓	能源	政策支持
美国	第二次双年报	减缓	能源	政策支持

私营部门方面，中国与其他国家在各行业已经出现了很多技术合作与转移的成功案例，例如火电行业的超超临界技术案例、可再生能源行业的重庆海装项目、钢铁行业的低热值燃气蒸汽联合循环发电技术、建筑材料行业的水泥窑协同处置城市生活垃圾（RDF 入窑）技术、有色金属行业的云铜艾萨炉项目、交通运输行业的高铁项目和中乌航空发动机制造的合作案例等。

（二）问题与挑战

发展中国家在《公约》下获得有效的技术转让和支持，面临着多方面的障碍。

1．政策障碍

有关国家对先进技术的出口转让设置限制，从出口管制分类、目的地、终端用户和终端用途等多方面实施高技术出口许可证政策。即使技术供应企业同意出售相关技术，也因所在国的相关政策限制得不到海关的放行。

通过对外投资进行跨国并购，寻求与国外先进低碳技术公司的合作，有助于提升双方企业的技术创新能力。但是，技术优势国家担忧先进技术被发展中国家获得，往往加强对外资的安全审查，对相关产业应对气候变化技术的转让，尤其是向发展中国家的技术转让造成不利影响。

2．技术封锁障碍

市场机制下，企业为了防止技术秘密泄露，追求利益最大化，技术供应方往往采用技术封锁策略，或采用建立独资工厂、进行内部系统技术转让、出售设备等方式转让技术，而非建立合资企业、出售技术许可证等方式，从而实质上对相关技术的转让实施封锁。在具有全球正外部性的气候变化技术领域，技术优势国家应当鼓励其企业承担社会责任，减少气候友好技术的封锁行为，促进技术向发展中国家的加速转让和扩散。

3. 信息障碍

中国开展了多轮的技术需求评估，获得了应对气候变化重点领域的优先技术需求清单。但是，先进技术供应方的清单信息则严重缺乏，发展中国家在获取这方面信息时存在障碍。此外，对先进技术的价值评估，缺乏有效的和共识性评估标准及方法方面的信息。

第三章　应对气候变化能力建设需求

作为最大的发展中国家，中国在减缓气候变化、增强对气候变化的适应、应对气候变化教育培训与提高公众意识等方面有着较强的能力建设需求，并愿意开展务实合作，以进一步提高中国应对气候变化能力。

一、减缓气候变化方面的能力建设需求

编制国家温室气体清单、增强应对气候变化统计和考核能力是重要的基础性工作，也是存在较大能力建设需求的领域。目前中国温室气体清单编制工作还没有达到常态化阶段，仍然以项目方式组织和开展国家温室气体清单的编制工作，面临着资金、人员和政府间协调等多方面挑战；中国需要提高清单编制工作机制方面的能力建设，建起一套完善、稳定和高效的清单编制工作机制。此外，由于中国温室气体排放源与汇种类繁杂、地区与行业间排放差别大，为减少国家温室气体清单编制的不确定性，中国需要提高地方温室气体清单编制方面的能力建设，加强地方温室气体清单编制的沟通与合作，加强排放因子本地化研究，完善相关统计方法，减少地方活动水平数据、排放因子计算的不确定性。中国还需通过合作交流与人员培训，提高各类统计机构、企业及其他基层单位参与温室气体清单编制人员的技术水平和工作能力。

中国地方政府在应对气候变化和低碳发展试点方面开展了不少探索，但相较于发达国家的省州和地区仍然存在较大的能力建设需求。中国地方政府需要获得支持以提高低碳发展的系统设计和战略规划能力，并进一步提高低碳发展的科技支撑能力，完善低碳发展领域的政策体系，加快地方立法进度，加强人才队伍建设，提高低碳发展的技术研发能力。

中国在市场机制和推动企业参与减排方面也存在较大能力建设需求。中国在2017年启动了全国碳排放权交易体系，但仍需要进一步探索建立符合中国国情和发展要求，覆盖钢铁、电力、化工、建材、造纸和有色金属等重点工业行业的碳排放权交易制度，提高数据报送、注册登记、交易细则制定、交易制度完善等方面的能力，提高地方主管部门、重点排放单位、第三方核查机构的碳市场建设技术人员的能力。

二、适应气候变化方面的能力建设需求

为增强适应气候变化的能力来降低气候变化的影响，中国在适应气候变化领域仍存在较大的能力建设需求。中国需要在基础设施建设、运行、调度、养护和维修等方面提高抵御气候变化不利影响的能力，提高农业、水资源、生态系统以及城市、人类健康、重大工程等敏感脆弱领域和行业适应气候变化的能力，提高在气候资源开发和利用方面的能力。中国需要提高气候灾害综合监测与预警、预报服务能力，加强气候变化科学研究、观测和影响评估，加强应对极端天气和气候事件的能力建设，降低极端事件的灾害风险。中国需要通过国际合作与交流开发气候变化适应性项目，提高在节水灌溉农业、水资源配置和海岸带综合管理及防护等受气候变化影响的关键行业或领域中开展跨学科集成研究的能力。

三、应对气候变化教育、培训与提高公众意识方面的能力建设需求

加强应对气候变化教育、宣传与培训，提高公众意识和公众参与能力既是转变传统生产方式和消费方式的需求，也是履行《公约》的要求。中国在应对气候变化教育、培训与提高公众意识方面存在较大的能力建设需求，需要进一步营造政府引导、企业参加和公众自愿行动的社会氛围，增强企业的社会责任感，提高公众意识和公众参与能力。中国需要继续拓展和完善应对气候变化教育、培训和提高公众意识的手段，多方面扩展公众参与的途径，努力提高全民应对气候变化的意识。中国需要加强专家和

科研机构的参与，通过国际合作开展对政府官员、企业管理人员、媒体从业人员及相关专业人员应对气候变化的教育与培训，提升他们应对气候变化的意识和工作能力，促进媒体报道的客观性和持续性，提升公众对全球气候变化问题的认知水平，以及采取应对气候变化行动的积极性。

第六部分
实现《公约》目标的其他相关信息

《"十二五"规划纲要》和《"十二五"控温方案》中都强调了应坚持减缓与适应并重的气候变化战略,需要进一步加强气候变化观测、科学研究、教育培训、国际交流、政策对话以及南南合作等行动,同时这些也是中国政府有效履行《公约》的重要活动。

第一章 气候系统观测

一、中国气候系统观测现状

中国气候观测系统依靠多部门开展联合观测，通过卫星的高科技手段，重点加强了针对陆地和海洋及高空大气、区域大气成分、水循环和碳循环以及土地利用、冰川、冰盖和冻土变化等方面的规范化连续观测（图6-1）。

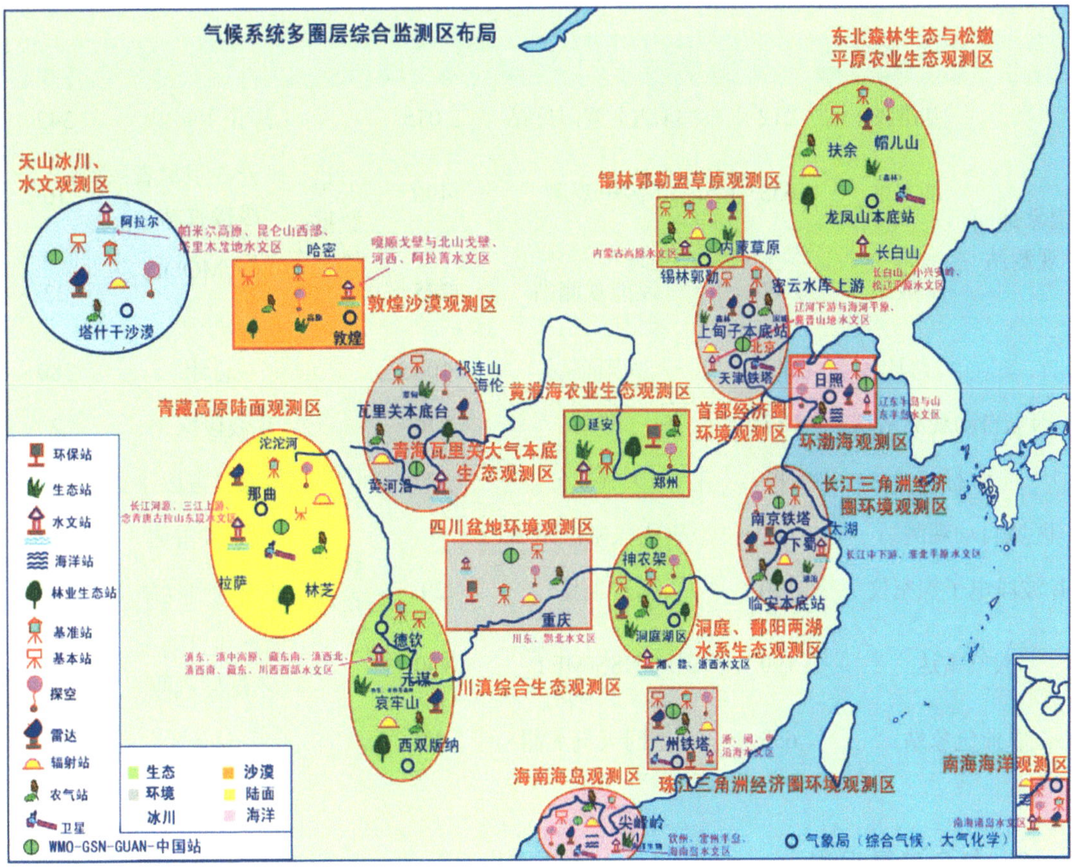

图6-1 中国气候系统多圈层综合观测布局

（一）大气观测

1. 综合陆基气象观测

中国已初步建立了地面、高空和空间"三位一体"的立体气候系统观测网络（表6-1）。截至2016年年底，气象部门建设陆（海）基台站6万多个，覆盖96%以上的乡镇。新一代气象雷达190部，覆盖58%的国土面积。全国共有5个国家气候观象台、376个酸雨观测站、29个沙尘暴观测站，以及1个全球大气本底观测站和6个区域大气本地监测站，目前正在积极推动大气本底观测、多圈层气候系统和生态系统监测评估体系建设。初步建立了全国旱情监测系统，建设自动监测站点2 075个。

表6-1　中国现有综合气象观测设施（截至2016年年底）

站点（设施）	数量/个	站（设施）	数量/个	站（设施）		数量/个
国家地面观测站	基准站 212	自动土壤湿度站	2 075	卫星数据接收站	静止卫星站	342
	基本站 633	闪电观测	490		风云-3卫星省级接收站	16
	一般站 1 578	风能观测站	275		EOS/MODIS接收站	22
	总计 2 423	太阳辐射	100		总计	380
国家自动观测站	8 174	酸雨	376	移动设施	L波段探空	2
浮标	40	大气成分	28		天气雷达	45
区域自动观测站	57 405	大气基准站	7		风廓线雷达	31
L波段电子探空仪	120	沙尘暴	29		便携式自动站	241
天气雷达	190	GNSS/MET	950		便携式自动土壤湿度观测	708
农业气象站	653	空间天气观测	84		总计	1 027

2. 气象卫星观测

中国发射运行了16颗气象卫星，目前9颗在轨运行，其中包括1颗全球二氧化碳监测科学实验卫星，国内外共有6个地面接收站。2016年开始已具备卫星对全球主要温室气体含量的监测能力。

3．温室气体观测

中国青海的瓦里关站是世界气象组织/全球大气观测网的 31 个全球大气本底观测站之一，也是目前欧亚大陆腹地唯一的大陆型全球本底观测站，随后陆续在北京上甸子、浙江临安、黑龙江龙凤山、云南香格里拉、湖北金沙和新疆阿克达拉等 6 个区域大气本底观测站实现了主要温室气体浓度的在线观测，分别代表京津冀地区、长三角地区、东北平原、云贵高原、江汉平原和北疆地区的大气本底特征（图 6-2）。

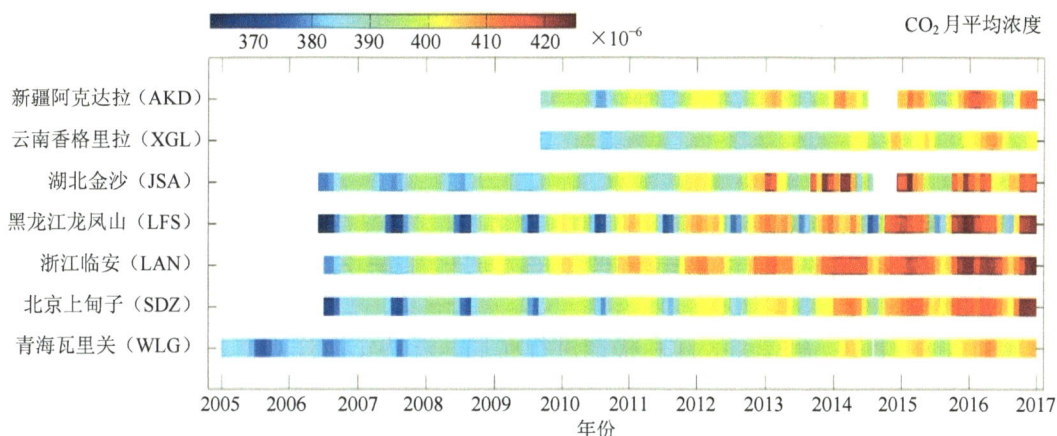

图 6-2　中国 7 个大气本底观测站 2005—2016 年 CO_2 月平均浓度

4．气候变化产品

2011 年开始每年发布《中国气候变化监测公报》，包括大气、海洋、冰冻圈、陆地生态以及气候变化驱动因子。2012 年开始每年发布《中国温室气体公报》，介绍中国温室气体本底监测情况。

专栏 6-1　中国碳卫星数据对全球用户开放

2016 年 12 月 22 日 3 时 22 分，中国首颗全球二氧化碳监测科学实验卫星（以下简称碳卫星）在酒泉卫星发射中心成功发射，这也是全球第三颗专门用于监测大气二氧化碳含量的卫星（第一颗是日本 2009 年发射的 GOSAT，第二颗是 2014 年美国发射的 OCO-2）。该星搭载了两台仪器，一台是高光谱二氧化碳探测仪，另一台是多谱段偏振云与气溶胶探测仪。经过为期半年多的在轨测试，2017 年 8 月 31 日完成在轨测试总结，卫星各项功能和性能均满足任务书的要求，2017 年 10 月 24 日正式对全球用户开放中国碳卫星监测数据，用户可以通过"风云卫星遥感数据服务网（http://satellite.nsmc.org.cn/）"免费下载使用中国的碳卫星数据。

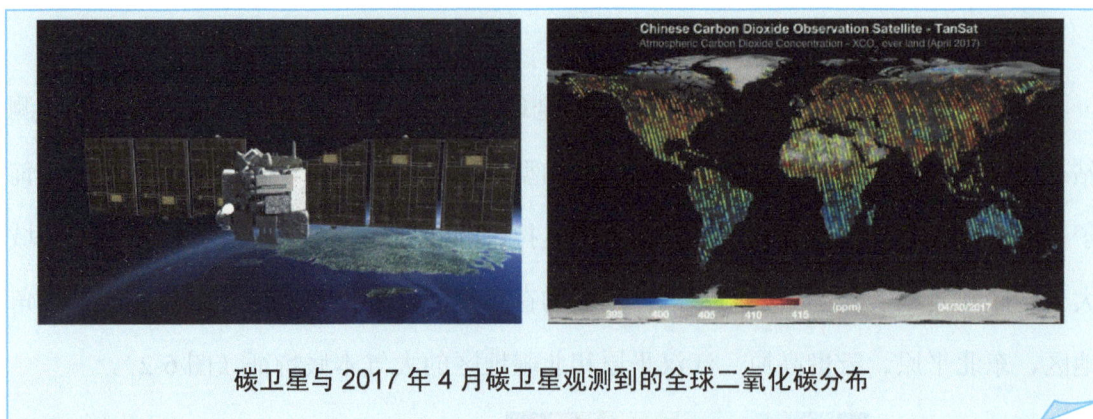

碳卫星与 2017 年 4 月碳卫星观测到的全球二氧化碳分布

（二）海洋和生态观测

1. 海洋综合观测网

中国海洋观测网的覆盖范围包括中国近岸、近海和中远海，以及全球大洋和极地重点区域，按岸基、离岸、大洋和极地进行布局。近些年海洋观测按照"一站多功能"的原则，优化了中心站、海洋站（点）布局规划（表6-2）。目前已建设海洋观测站（点）124个、海岛观测站373个、各类浮标97个，设置海洋标准断面调查站120个，在轨海洋卫星2颗。中国自沉浮式剖面探测浮标计划自2002年年初组织实施以来，已经在太平洋、印度洋等海域投放了394个自沉浮式剖面探测浮标。2017年，中国在南大洋首次布放深海型剖面浮标2个。

表 6-2　中国海洋观测设施（截至 2016 年年底）

序号	站点（设施）	数量/个
1	海洋观测站（点）	124
2	海岛观测站	373
3	浮标	97
4	海上油气平台观测系统	41
5	雷达观测站	70
6	移动应急观测平台	13
7	全球定位系统观测站	159
8	海洋标准断面调查站	120
9	船舶自动站	52
10	海洋卫星/颗	2

2．极地和大洋调查

每年开展一次南极科学考察，每1～2年开展一次北极科学考察，已组织实施了5次南极科学考察、2 次北冰洋综合科学考察。长城站、中山站和黄河站都初步具备了海洋和气象综合观测能力。组织开展了38航次大洋调查，积累了大量认知极地和全球气候变化的基础数据。

3．海洋生物化学、海平面监测及其产品

逐步开展了近海海-气界面二氧化碳交换通量监测业务。不断加强海岛海岸带和海洋生态的修复，设置了 21 个海洋生态监控区，开展了气候变化海洋生态敏感区试点监测工作。加强陆源碳入海的动态监测以及海洋监测预警。2016 年，重点在北黄海和大连南部等海域开展生态系统对气候变化的响应试点监测工作。中国拥有 70 个长期验潮站，其中有近 50 个长期验潮站的资料可用于海平面研究。每年发布《中国海平面公报》。

4．陆地生态系统观测

中国生态系统观测主要包括由中国科学院进行长期定位观测的大型研究网络——生态系统研究网络和由林业部门为主管理的中国陆地生态系统定位观测研究网络以及中国气象局农村生态观测网。生态系统研究网络有 44 个站、5 个分中心和 1 个综合研究中心，监测范围包括气象要素、土壤要素、水文要素、生物要素等。中国陆地生态系统定位观测研究网络包括森林生态站网、湿地生态站网和荒漠生态站网，是以森林、湿地、荒漠三大生态系统类型为研究对象，开展生态系统结构与功能的长期、连续定位野外科学观测和生态过程关键技术研究，目前有台站 188 个，气象部门的农业生态观测站 653 个。

5．气候系统其他要素观测

水利部门的基本水文站 3 000 余个，雨量站超过 1.5 万个，地下水观测井超过 1.2万个。除此以外，气象部门和自然资源部门也设有相应的降水、蒸发和地下水观测井。

（三）资料管理

中国气候系统观测资料目前分别由气象、海洋、水利、环保、农业、科学院等部门和机构进行收集和管理，其中包括大气圈层的气象观测数据、大气成分观测数据和大气再分析资料；描述海洋状况的海洋环境数据、海洋再分析数据；有关地球冰雪圈

层资料；描述陆地表面水文水资源特征的资料；记录地球生态系统变化的生态要素资料；以及通过树木年轮、冰芯、石笋、孢粉等分析得到的反映地球气候状况的代用资料。同时，中国已经建立了长期稳定运行的遥感对地观测体系，建立了由气象卫星、海洋卫星、陆地资源卫星、环境减灾卫星等系列组成的空间对地观测卫星系统，且能够实现长期和稳定的运行。基本实现了通过中国自主卫星开展对中国和周边地区以及全球的大气、海洋和陆地系统进行观测和动态监测，形成了多种地球观测信息产品，能够覆盖中国全境或重点区域，其空间分辨率从 30 米到几十千米，并包括土地利用/土地覆盖、植被参数、水域与水参数等一些会影响或反映气候变化的主要信息内容，可用于支持气候变化方面的研究与评估。大部分数据有相应的数据库，部分建立了数据共享服务网。

二、气候系统观测存在的问题和未来发展

总体而言，中国的气候观测系统取得了长足的发展，但与按照全球气候观测系统的新实施计划所提倡的"一个系统，多种用途"的发展模式仍存在差距。一是现行气候观测系统网络功能尚不完善；二是不同部门在气候变化的监测手段、观测仪器和设备、观测方法、观测数据和产品格式等都不尽相同，在标准化方面也不尽统一；三是部门协调和国际国内资料共享能力有待提高。

未来要进一步完善气候观测网络的规划和建设，增加考虑针对气候变化适应和减缓、气候服务以及风险管理等方面需求的气候变量观测；有序推进观测仪器和观测方法、相关数据和产品格式的标准化进程。逐步构建地面和卫星遥感观测综合集成的现代化气候观测系统，发展地面和卫星遥感的长序列、无缝隙、稳定一致的气候数据集产品。改进部分观测技术能力，提升数据处理技术水平。建立适应性和协作性相融合运作的"一个"网络体系；发挥中国国家气候观测系统委员会这一国家级议事协调机构的职责，推进气象、海洋、环境保护、科研等部门基础观测数据及相关经济社会数据、基础地理信息数据的交流共享，积极参与全球气候观测系统相关活动和观测数据的国际交换，以满足不断变化的国际社会对气候观测的需求。

第二章 气候变化基础研究和技术创新进展

作为世界上较早开展气候变化研究的国家之一，中国努力推动气候变化领域的科技进步和创新。2006 年，中国政府发布了《国家中长期科学和技术发展规划纲要（2006—2020 年）》，把能源与环境确定为科学技术发展的优先领域，把全球环境变化监测与应对方案明确列为环境领域的优先主题。2015 年，科技部发布了《第三次气候变化国家评估报告》，对中国 2010—2014 年的气候变化研究进展进行了深入评估。2016 年，为进一步完善国家应对气候变化的科技创新体系并提升创新能力，科技部联合有关部门发布了《应对气候变化领域"十三五"科技创新专项规划》，对"十三五"中国应对气候变化的科技工作进行了总体部署，并在"973"计划、"863"计划、国家重点研发计划等主体框架下设立了一系列的气候变化研究项目，同时还启动了中国科学院碳专项、国家发展改革委低碳宏观战略及技术目录编制等项目，推动中国应对气候变化的科学研究与技术开发并取得重要进展，应对气候变化的科技能力得到了全面提高。

一、气候变化研究现状及主要成果

（一）基础科学研究

中国在气候变化规律与机理、观测系统和模拟、地球系统模式等基础研究领域取得重大进展，积极参与 IPCC 第五次评估报告编制，提高了国际影响力，其中主要包括揭示了全球变化背景下中国东部季风区自然物候时空变化特征及气候变化与物候变化的关系；建立了厄尔尼诺、暴雨、冰雹等极端天气预报新方法，提出应对优化策略；重建了中国东部季风区、北方干旱与半干旱区以及青藏高原地区气候时空变化序列，揭示了中国典型气候区域千年气候变化机理；研发了达到国际先进水平、具有中国独创特色的地球系统动力学模式。在 IPCC 第五次评估报告中，中国在大气观测、古气候、云和气溶胶、气候模式和区域气候研究等领域发挥重要作用。

（二）减缓技术研发

1. 重点行业节能减排技术研发和推广应用取得进展

河北曹妃甸工程应用新一代可循环钢铁流程工艺技术使洁净钢生产线每年可节约几十万吨标准煤；采用超临界发电技术的燃煤电厂装机已达上亿千瓦；选矿拜耳法生产氧化铝技术得到推广应用，已形成年产 60 万吨的生产能力；机床再制造关键技术使资源循环利用率可达 85% 以上，同比制造新机床节能 80% 以上，推动形成废旧产品回收处理、绿色再制造等新兴产业；混合动力客车及其关键部件的研发，实现整车节油率达 30%；被动式超低能耗绿色建筑、绿色生态示范城区、绿色建筑产业集聚示范区建设，带动了绿色建筑相关产业链的发展，全国绿色建筑面积超过 3 亿米^2；生物乙醇产业有了显著进步，秸秆可发酵糖利用率提高到理论转化值的 95%；二氧化碳新型捕集剂可使燃煤电厂捕集能耗降低 30%，百万吨级二氧化碳捕集、输送、驱油全流程示范项目已经开建；中国研发并建成首例大规模咸水层碳封存示范工程；二氧化碳在驱油、化工利用、生物利用等资源化利用方面也取得进展。

2. 能源领域前沿技术研发取得多方面进步

建成全球首座 500 瓦染料敏化太阳电池示范系统，建成中国第一座 10 兆瓦级塔式太阳能热发电站并实现并网发电；研发的 1.5 兆瓦直驱永磁式风电机组实现产业化，3 兆瓦风电机组实现并网运行；5 兆瓦风力发电机组成套设备已成功安装，填补了大功率风电机组自主研发的技术空白；世界首套年产60 万吨煤制烯烃工业装置在建；中国试验快堆已经实现首次临界；高温气冷堆示范项目开工建设；开发出具有自主知识产权的气流床新型多喷嘴对置式气化技术；250 兆瓦整体煤气化联合循环发电系统试验运行，完成 500 兆瓦级整体煤气化联合循环发电系统集成建模，实现循环流化床锅炉超低排放；非常规天然气开采技术取得重要进展，并在重庆涪陵中石化江汉油田进行连续开采。

（三）适应技术研究

1. 完成中国主要流域/区域/行业的气候变化影响评估

开展长江三峡、黄河、珠江、辽河、塔里木河、鄱阳湖等流域的气候变化影响评估；开展气候变化对西北干旱区马铃薯、陕西苹果等特色产业影响评估；开展气候变化对长三角典型城市群、北京市排水系统规划设计标准等城市生命线的影响评估；采用气候变化影响评估技术研究制定和调整工程应对气候变化标准，对现有和新增水库库容、供水能力进行调整；采用新的适应标准和新型技术加强农田水利的适应能力建设。

2. 各领域适应技术取得重要进展

通过研究气候变化对农田、湿地、海岸带、水资源、森林等生态系统的影响及演变规律，提高应对气候变化的适应能力；培育并推广高产优质抗逆良种，推广农业减灾和病虫害防治技术；开展气象灾害风险区划、气候资源开发利用等系列工作，建立较为完善的人工增雨体系；在区域水资源开发潜力评估和水资源优化调度等方面取得技术突破；开展应对海平面上升，保障防洪安全、供水安全、典型退化生态修复技术的示范应用；创新性地提出区域和领域有序适应气候变化的路线图。

（四）国际科技合作

1. 拓展与国际机构的气候变化合作

积极开展与联合国开发计划署、联合国环境规划署、亚洲开发银行、全球环境基金等国际组织机构的项目合作和技术研讨。中国科学家广泛参与了政府间气候变化专门委员会、世界气候研究计划、全球气候观测系统、未来地球等国际主要气候变化科学研究观测计划，并有多人担任联合主席。

2. 加强了与发达国家和地区的交流合作

中美在气候变化科技领域的合作进一步深入，中欧在碳排放交易能力建设、低碳城镇、低碳社区等方面开展了务实合作，中国与美国、德国、丹麦、英国等国家开展超低能耗建筑技术合作研究，与美国、德国、加拿大、欧盟、芬兰等开展低碳生态城市国际合作试点。

3．南南合作逐步深化

中国在卫星监测、清洁能源开发利用、农业抗旱技术、水资源利用和管理、荒漠化防治、生态保护等领域加强与亚洲、非洲、南太平洋地区有关国家的合作。科技部与联合国开发计划署、联合国教科文组织、联合国环境规划署等国际机构联合召开四届"科技应对气候变化南南合作国际研讨会"，举行发展中国家援外技术培训班，推广应对气候变化适用技术的南南转移。2012 年，国家林业局联合宁夏回族自治区人民政府举办中阿防沙治沙合作论坛；2015 年 6 月，与阿拉伯联盟干旱与旱地研究中心签署《关于荒漠化监测和防治合作备忘录》，推动开展了一系列对阿拉伯国家的荒漠化防治合作；2010—2015 年，连续多年举办非洲荒漠化防治研修班，切实提升了非洲荒漠化防治综合能力，得到时任联合国秘书长潘基文的高度认可。

（五）能力建设

在基础平台建设和观测监测系统方面，形成主要农业生态区的联网研究平台，建立覆盖全国的水文、气象、地理信息、洪旱灾害等数据库群，建立中国主要气候带典型森林土壤有机碳空间数据库，基本形成了覆盖全国主要生态区的大型观测研究网络等重要的科技创新平台，建立省级气候变化业务平台，为开展气候变化研究奠定了坚实基础。

二、气候变化研究存在的不足和差距

气候变化领域的基础理论研究有待深化，综合性研究仍需加强。对气候变化机理的认识仍不足，自主开发气候模式的模拟性能和预估能力还有很大提升空间，气候变化对各领域、区域的影响和风险评估欠缺，综合定量评估模型尚是空白；减缓和适应气候变化技术与国际先进水平还有差距，如能源、钢铁、建筑等行业的关键材料、设备、核心工艺和技术等仍然依靠进口，农业节水、行业和区域适应性技术，以及社会经济综合评估方法仍需加强；应对气候变化法治建设方面的研究也需要深化和提高。

三、气候变化研究的未来方向

1．应对气候变化的基础研究

陆地和海洋碳氮循环及水和能量循环过程的耦合机制、水循环与碳氮磷生物化学循环的耦合关系以及陆地和海洋碳库、碳源汇变化与温室气体的气候敏感性研究；三极（南极、北极和青藏高原）环境的气候变化研究；具有国际影响力的长系列、高精度气候变化及效应数据集（库）和气候变化大数据平台研究。

2．气候变化影响评估技术研究

气候变化对重点领域、主要行业、重大工程与区域影响的定量关系和综合评估，以及国家标准与可操作性评估技术规范等方面的研究；气候变化与极端事件对脆弱领域（农业、林业、牧业、渔业、海洋和水资源、大气和水土环境质量、人体健康等）影响的分类评估技术。

3．减缓气候变化技术的研发

大规模低成本和具有可操作性的碳捕集、利用与封存技术与低碳减排技术研发；森林、草地、农田、湿地等重要生态系统固碳增汇技术研发；重点行业与领域应对气候变化减缓技术发展路线图和技术规范研究。

4．适应气候变化技术的研发

农业、牧业、渔业和水资源等重点领域适应气候变化关键技术研发；沿海地区、生态脆弱区和边缘过渡区、生态屏障区、重大工程区等重点区域适应气候变化的关键技术研发。

第三章　教育、宣传与公众意识提高

中国不断加强气候变化领域的教育、培训及宣传等工作，使社会各界都能积极地行动起来，开展了内容丰富和形式多样的气候变化主题活动，公众的气候变化意识显著提高，应对气候变化的能力也得到加强。

一、教育与培训

《国家应对气候变化规划（2014—2020 年）》提出，将应对气候变化教育纳入国民教育体系，推动应对气候变化知识进学校、进课堂，普及应对气候变化科学知识。加强应对气候变化培训工作，提高政府官员、企业管理人员、媒体从业人员及相关专业人员应对气候变化意识和工作能力。开展应对气候变化职业培训，将低碳职业培训纳入国家职业培训体系。

（一）气候变化内容在国家基础教育和专业教育体系中不断得以拓展和深化

基础教育方面。进一步强化学校教育，在科学、综合实践活动等课程中明确要求学生了解关于气候变化、生态环境等基本概念及危害影响。

高等教育方面。一是加强气候变化相关学科和机构建设。据不完全统计，到 2016 年，全国大气科学类专业布点数为 22 个、环境科学与工程类专业布点数为 719 个、新能源领域相关专业布点数为 367 个、节能环保领域相关专业布点数为 240 多个，北京大学、南京大学和中国农业科学院等学位授予单位自主设置了 222 个与气候变化、环境保护相关的二级学科。多所高校纷纷开设气候变化方面相关通识课程，中国科学院大学、北京大学、清华大学、中山大学等高校都设立了应对气候变化和低碳发展的相关研究机构，如北京大学中国低碳发展研究中心、清华大学气候变化国际政策研究中心、中国气象局—南京大学气候预测研究联合实验室等。这些学科的设立和机构的加强，为培养气候变化领域高端专业人才发挥了积极作用。二是加强在线开放课程建设。教育部组织开设了 60 多门大气污染控制、生态文明建设等相关的视频公开课与精品资源共享课，供学生在线学习，以提高学生的低碳环保意识。三是开展形式多样的高校低碳环保实践活动。自 2008 年起，教育部每年以"节能减排、绿色能源"为主题组织"大学生节能减排社会实践与科技竞赛"。

（二）组织开展多种形式的培训、研讨和讲座

2011 年以来，中国组织开展了形式多样的学习、培训、研讨和讲座等活动，全面提升各级和各界领导对气候变化问题的认识和决策管理能力。

（1）中央政治局围绕生态环境及绿色发展主题组织集体学习。2017 年，中央政治局就"推动形成绿色发展方式和生活方式"进行了集体学习，中共中央总书记习近平再次指出，要强化公民环境意识，推动形成节约适度、绿色低碳、文明健康的生活方式和消费模式。

（2）国务院各有关部门组织主题培训，加强行政管理人员应对气候变化能力。国家发展改革委先后举办了 7 期全国发展改革系统应对气候变化专题培训，多次举办了企业温室气体排放核算培训会（图 6-3）；环境保护部于 2012—2016 年举办了 14 期《世界环境》可持续发展与低碳创新政策对话会；科技部组织了多期地方应对气候变化能力建设培训班；原国家林业局每年举办全国林业应对气候变化培训班、全国林业碳汇计量监测体系建设培训班；国家机关事务管理局举办了多期全国公共机构节能管理干部和高校节能干部培训班，累计培训各级各类节能管理人员 9 000 余人。

全国发展改革系统应对气候变化化南、西北地区专题培训

企业温室气体核算报告培训会

图 6-3　国家发展改革委开展的应对气候变化培训活动

（3）地方政府积极开展应对气候变化和碳市场能力建设等方面培训。据不完全统计，培训人数已超过 3 万人次。各地方还相继成立了应对气候变化、低碳发展专业研究机构，如北京应对气候变化研究和人才培养基地、天津市低碳发展研究中心等，增强了地方应对气候变化科技支撑和决策支持能力（图 6-4）。

北京市　　　　　　　　贵州省　　　　　　　　广东省

江苏省　　　　　　　　山东省　　　　　　　　山西省

上海市　　　　　　　　重庆市　　　　　　　　甘肃省

图 6-4　各地碳交易市场建设培训会

二、宣传与普及

中国高度重视应对气候变化的宣传工作。多年来通过政府引导、多元化媒体宣传和各种主题宣传，极大地提升了全民应对气候变化意识，逐步形成全社会共同关注和广泛参与的局面。

（一）会议宣传

近年来，借助国内外大型会议，积极展示中国应对气候变化的政策与实践，分享应对经验，推动国际合作。

2015 年，国家主席习近平出席巴黎气候变化大会活动，强调坚定信心，齐心协力，携手构建合作共赢、公平合理的气候变化治理机制。2016 年，习近平主席在杭州 G20 峰会期间，向时任联合国秘书长潘基文交存了中国气候变化《巴黎协定》批准文书，中国用自己的行动，助力全球气候治理。此外，时任副总理张高丽还出席了纽约气候峰会和《巴黎协定》高级别签署仪式等重要国际活动。

在联合国气候变化大会期间，中国代表团还组织举办了"中国角"边会等系列宣传活动。

（1）有关部门举办各类大型会议。在低碳绿色发展、城市适应气候变化和碳市场建设等领域召开大型会议，展示了气候变化领域的最新成果。

（2）地方政府层面积极举办以气候变化为主题的各类国际会议。2012—2017 年，深圳市连续每年举办深圳国际低碳城论坛，累计吸引来自近 50 个国家的 1.5 万余名嘉宾参与。2016 年，北京市主办第二届中美气候智慧型/低碳城市峰会，加强中美低碳城市发展务实合作。2016 年，武汉市举办"中欧低碳城市会议"等活动。

（二）媒体宣传

人民日报社、新华社、中央人民广播电台、中国国际广播电台、中央电视台、中国日报社和中国新闻社等中央主要新闻媒体及互联网媒体，对联合国气候变化大会和中国发布《国家自主贡献》等应对气候变化领域的重大新闻事件给予高度关注，利用图片、文字、视频等多种形式进行全方位报道，对低碳领域重要战略规划及政策文件的出台进行了及时的宣传报道和深入解读，引导公众关注，形成良好的舆论氛围。2008年至今，国家发展改革委组织编写和发布了《中国应对气候变化政策与行动年度报告》，宣传应对气候变化成果。国内媒体机构编写并出版了一系列气候变化相关的科普宣传画册，制作了《应对气候变化》《变暖的地球》《关注气候变化》《环球同此凉热》等影视片（图6-5）。中国气象局组织制作了《应对气候变化——中国在行动》系列电视宣传片和画册。同时，运用新媒体"互联网+"、微博话题、微信公众号等多种渠道，向公众推送应对气候变化相关科普知识。

图6-5　制作的系列宣传片

（三）主题宣传

2013年以来，国家发展改革委会同有关部门每年组织开展"全国低碳日"活动，举办应对气候变化主题展览，组织低碳活动"进社区"和"进校园"等活动，积极开展低碳宣传。在"节能宣传周"和"低碳日"等活动期间，充分动员各地方结合实际开展丰富多样的宣传活动，提高公众的节能环保和绿色低碳发展意识。开展"低碳中国行"活动，组织新闻媒体、院士专家赴地方开展实地调研，在北京、上海、重庆、广州、杭州、保定等地举办多种形式的低碳主题活动（图6-6）。生态环境部结合"六

五"环境日和"世界地球日"等，开展形式多样的应对气候变化主题宣传活动。中国
气象局利用"3·23"世界气象日活动开展气候变化科普宣传。国家海洋局每年在
6月8日世界海洋日开展海洋与气候变化科普宣传。中华全国妇女联合会联合多部门
开展"中华家庭低碳环保行"等多项主题活动。

图 6-6　"全国低碳日"标识及 2017 年低碳日招贴画

三、公众广泛参与

随着应对气候变化教育、培训及宣传工作的持续广泛开展，公众更为积极自觉地
选择低碳出行、低碳饮食、低碳居住、购买节能低碳产品等低碳生活方式。公众践行
"1千米步行，3千米自行车，5千米公交车"的"一三五模式"出行，优先选择公共
交通等绿色低碳出行方式，截至 2017 年，全国已有 184 个城市承诺每年 9 月 22 日开
展"无车日"活动。各地餐企和公众主动践行"光盘行动"。各省市积极开展低碳社
区试点工作，开展低碳社区试点的省份已达到 27 个，省级低碳社区试点总数超过 400
个。中国低碳联盟组织开展低碳企业及人物征集评选活动，营造全民关注低碳、践行
低碳的良好社会氛围。中国绿色碳汇基金会发起创办了"零碳创意馆"，通过宣传和
体验让广大公众参与其中。2007—2016 年，青年应对气候变化行动网络开展了 7 期高
校节能项目，累计 20 万青年参与项目调研活动。

通过开展积极有效的气候变化教育、培训和宣传活动，公众气候变化意识显著提
高。2017 年，中国气候传播项目中心发布的《中国公众气候变化与气候传播认知状况

调研报告》相关数据显示，中国公众的气候变化认知度继续保持高水平，高度支持政府颁布的减缓和适应气候变化相关政策，绝大多数受访者支持中国落实《巴黎协定》，支持中国政府开展应对气候变化的国际合作。中国公众以实际行动积极应对气候变化。

引导应对气候变化国际合作，成为全球生态文明建设的重要参与者、贡献者、引领者。中国将采取更加积极有效的气候变化宣传教育手段，更加主动和开放地开展气候变化宣传教育领域的国际合作，为构建人类命运共同体做出应有的贡献。

第四章　国际交流与合作

一、多双边交流与合作

中国不仅与欧美等发达国家建立了应对气候变化的合作框架，还与发展中国家形成了多种形式的合作机制，通过为南太平洋、加勒比等地区的小岛屿国家应对气候变化提供力所能及的援助，来提高其适应气候变化的能力。近年来，中国政府还与联合国开发计划署、联合国环境规划署等机构和世界银行、欧洲投资银行、亚洲开发银行、全球环境基金等多边国际金融机构合作，参与并执行相关项目，加强了中国与这些组织的信息沟通、资源共享和务实合作。

（一）与欧美日等主要发达国家和地区开展多双边的交流与合作

中欧自 2005 年建立气候变化伙伴关系以来，就围绕清洁发展机制、可再生能源、能效提高以及碳捕集与碳封存等关键议题展开大量务实合作。随着中欧关系的深化和拓展，应对气候变化合作在中欧关系中的地位不断上升，各方就共同关切不断达成共识，推动了国际气候治理机制的建设[①]。

2009 年 5 月第十一次中欧领导人会晤期间签署的《中欧清洁能源中心联合声明》提出了建立中欧清洁能源中心，通过建立示范园区实现中欧在清洁能源方面的合作[②]。

为加强中欧双边和国际合作的政治意愿，在 2015 年中欧第十七次领导人峰会上，双方共同发布了《中欧气候变化联合声明》，表示将在过去 10 年成功合作的基础上，进一步致力于推动气候变化伙伴关系取得显著进展[③]。此外，《中欧合作 2020 战略规划》提出"帮助全球转向低碳经济"，使中欧气候变化合作增加了新的维度和新的

[①] 来源于 Pietro De Matteis，The EU's and China's institutional diplomacy in the field of climate change，p.11。

[②] 新华网，《中欧清洁能源中心在北京启动》，http://news.xinhuanet.com/2010-04/30/c_1266167.html。

[③] 人民网，《中欧气候变化联合声明》，http://politics.people.com.cn/n/2015/0630/c70731-27227445.html。

要素。

中国政府与欧洲各国在落实气候变化伙伴关系的过程中，在环境、能源、低碳等多个领域建立了务实合作。

（1）中德在碳排放交易和减排等领域深化气候变化合作。自20世纪90年代开始，中德在继续"中德气候伙伴关系与可再生能源合作"的基础上[①]，在环境和气候保护的条约中单列了可再生能源合作条款，并重点支持实施区域排放交易、建立国内排放交易体系、开展建筑减排、发展低排放和高能效交通、推广电动汽车、制定低碳战略等方面的能力建设。

（2）中法通过加强双方的共同行动，提升应对气候变化的能力。一是签署国家联合声明。通过签署《中华人民共和国和法兰西共和国关于应对气候变化的联合声明》（2007年）及《关于加强全面战略伙伴关系的联合声明》（2010年），中法强调在环境保护、可持续发展和应对气候变化领域保持紧密合作，深化应对气候变化的合作伙伴关系，加强对话、磋商与务实合作，进一步深化核能领域合作，并且在新能源、电动汽车、循环经济、低碳技术等新兴领域加强合作。2012年4月底在法国参议院成立了中欧新能源联合会，推动中法在新能源开发和利用方面的交流与合作。二是双方部委之间的合作。2011年由中国科技部与法国教研部共同签署了《中法第十三届科技合作联委会会议纪要》，确定可持续发展、绿色化学和技术以及能源等优先合作领域及未来合作机制，深入推动中法科技交流与务实合作的发展。三是产、学、研合作，积极搭建产、学、研合作交流平台，促进能源新技术领域的产业化发展。自2009年以来，在CCS、先进太阳能电池技术、煤制烯烃技术、生物质制液体燃料和化学品等领域展开技术合作。2015年11月发表了《中法元首气候变化联合声明》。

（3）中英在气候变化相关领域的合作主要集中在空气污染治理、清洁能源、碳捕捉与碳封存技术、气候变化风险评估、气候科学与气候服务等方面，双方通过多种方式开展全方位合作与互学互鉴。2015年，有关方面就共同修建和运营欣克利角C核电站在伦敦达成战略投资协议，这是中国企业首次在欧洲参与民用核电站建设[②]。

---

① 人民网，《中德深化气候及可再生能源合作》，http://paper.people.com.cn/zgnyb/html/2017-07/31/content_1795071.htm。
② 中新网，《英国政府宣布批准中英法三方合作的欣克利角核电项目》，http://www.chinanews.com/gj/2016/09-15/8004941.shtml。

（4）中意侧重于海洋生态系统，在气候变化工作领域强化合作。国家海洋局与意大利合作开展了沿海地区生态系统能力建设项目。中意续签合作协议备忘录，持续开展海洋预报及气候预测等领域合作研究。

（5）中挪在生物多样性、碳捕集等领域加强合作。环境保护部开展中挪生物多样性与气候变化项目，2017 年 6 月签署的合作谅解备忘录推进了挪威与中国企业之间关于碳捕集的合作。

中美通过联合声明和组建联合工作组等形式开展多领域合作。2014—2016 年，中美双方通过发表《中美元首气候变化联合声明》和《中美气候变化联合声明》等，就加强气候变化对话与合作形成重要共识。双方将扩大清洁能源的联合研发，推进碳捕集、利用与封存重大示范，加强氢氟碳化物的合作，启动气候智慧型/低碳城市倡议，推进绿色产品贸易，开展实地清洁能源示范。此外，中美双方建立了中美气候变化联合工作组。在这个工作组的平台之下，开展了载重汽车和其他汽车减排，智能电网，碳捕集、利用与封存，温室气体的数据和管理，建筑和工业节能及提高能效，工业锅炉，林业与气候变化以及低碳城市等八个领域的合作[1]。在气候变化领域建立了中美气候变化部长级磋商机制。在中美气候变化工作组框架下，延长石油建设的 100 万吨碳捕集、利用与封存示范项目列入中美战略与经济对话成果清单[2]。

中日不断加强节能环保以及能源技术方面的合作。中日双方关于应对气候变化合作签署了多个双边协定。两国政府分别于 2007 年和 2008 年发表了《中日两国政府关于进一步加强气候变化科学技术合作的联合声明》和《中日两国政府关于气候变化的联合声明》，建立了应对气候变化伙伴关系。2008 年 5 月，双方签署了《中日关于全面推进战略互惠关系的联合声明》[3]，就全面推进中日战略互惠关系达成广泛共识，并确定优先发展两国在节能环保以及能源方面的技术合作。中日还在可再生能源和节能及提高能效等领域开展了清洁发展机制项目的合作。日本国际协力机构多次对中国地方主管官员和技术人员进行了相关培训。此外，中日两国还形成了政府、官民一体和民间共同应对气候变化的多层次合作渠道。通过举办"中日节能环保综合论坛"，

---

① 中国气候变化信息网，http://www.ccchina.org.cn/list.aspx?clmId=58。
② 中国网财经，http://finance.china.com.cn/industry/energy/sytrq/20160614/3765222.shtml。
③ 新华社，http://www.gov.cn/jrzg/2008-05/07/content_964157.htm。

集中双方产、学、研、官各界的有关人士就节能、环保制度、政策、经验、技术等问题展开广泛交流。中日在气候变化领域进行的有效合作，有利于增进彼此间的战略互信，从而推动和扩大两国在其他领域的合作。

中澳开展二氧化碳地质封存合作。国家发展改革委在清洁煤联合工作组的支持下，开展了国内碳捕集、封存与利用技术方面的培训和重大问题预研究，中澳二氧化碳地质封存环境影响与风险研究等。

中加两国建立了《中加清洁技术合作联合声明》工作组，加强在清洁技术和能效提高方面的合作，进一步促进中加合作向清洁发展模式转型。

（二）与联合国机构及其他国际组织合作机制

中国与联合国各机构开展了卓有成效的诸多合作。2014 年，中国宣布提供 600 万美元资金，支持联合国秘书长推动应对气候变化的南南合作。时任秘书长潘基文将南南气候合作纳入其气候变化战略，加速了联合国全系统对南南气候合作的支持。在中国等诸多发展中国家的支持下，联合国还在《巴黎协定》签署活动期间发起建立南南气候合作伙伴孵化器倡议，现已发展为促进应对气候变化南南合作的长期平台。

中国参与了 APEC 能源合作、"东盟+3" 能源合作、中国—欧盟能源对话、石油输出国组织能源合作、上海合作组织能源工作组、全球甲烷行动倡议、亚太清洁发展和气候变化新伙伴关系计划、全球碳捕集与封存研究院等应对气候变化的相关国际机制。

2014 年，国家发展改革委执行了世界银行/全球环境基金的"增强对脆弱发展中国家气候适应力的能力、知识和技术支持"项目；开展了亚洲开发银行支持的"碳捕集和封存路线图"项目；参加了由全球清洁炉灶联盟秘书处召开的"全球清洁炉灶联盟"相关会议并开展国内试点活动。

全球清洁炉灶联盟中国委员会启动仪式于 2016 年 4 月在北京举行。联盟旨在通过开展广泛的国际合作，推广全球清洁高效炉灶技术和市场的发展，以保护公众健康特别是要减少温室气体排放和环境污染。同年 6 月，"中美+清洁炉灶国际发展战略论坛"也在北京召开，推进了国际化清洁炉灶研究平台的建立，支持双方科研机构、企业开展联合研究工作。

2015 年，包括南昌在内的一批项目试点城市参与了全球环境基金支持下的"可持续城市综合方式项目"，世界银行对试点城市提供贷款支持。

2016 年 12 月，环境保护部对外合作中心与绿色气候基金签署认证主协议，正式成为绿色气候基金全球 48 家执行机构之一，也是中国首家绿色气候基金国家执行机构。共同开发 GCF 项目，控制重点行业的碳排放，推进重点领域的低碳发展，为推进生态文明建设、改善环境质量、减缓气候变化做出更大贡献。

2015 年 4 月，深圳市新区管委会与国际区域气候行动组织 R20 达成了合作协议，在垃圾管理方面初步梳理形成了《大鹏新区垃圾管理解决方案》的研究框架。此外，中国企业也与国际区域气候行动组织 R20 签署了节能改造的战略合作协议。

2017 年 3 月，中国与来自 20 多个国家和国际组织的逾 200 位农业与气候变化领域的学者参加了第二届农业与气候变化会议，就当前气候变化与农业领域的最新研究进展进行了深入的交流和讨论。

近年来，中国许多企业加入了由世界自然基金会联合碳信息披露项目、世界资源研究所以及联合国全球契约项目发起的"科学碳目标"倡议，为"十三五"能源规划提供了政策建议。中国循环经济协会可再生能源专业委员会、中美能源合作项目、瑞典能源署和世界自然基金会联合在第八届清洁能源部长级会议上共同举办了"可再生能源驱动未来——行动与创新"多边会[①]。

（三）区域性国际合作机制

当前发展低碳清洁能源和可再生能源已成为全球共识，也为中国推进绿色低碳发展、调整经济结构、提高应对气候变化的能力带来良好机遇。中国迄今已与 100 多个国家开展广泛的环境保护交流，与 60 多个国家、地区及国际组织签署近 150 项生态环保合作文件，进行深入的环保互助与合作[②]。

近年来，中国与发展中国家和欠发达国家也建立了合作交流平台，以共同合作来

---

① 中国循环经济协会可再生能源专业委员会、中国能源研究会可再生能源专业委员会网，http://www.creia.net/news/creianews/3001.html。

② 源于 http://www.ccchina.gov.cn/Detail.aspx?newsId=68524&TId=66，2018 年。

应对全球气候变化的挑战。

中国也与印度这一发展中大国开展了应对气候变化的深入合作，其中包括共同开发利用国际河道的太阳能、生物质能等可再生能源领域的一些活动。双方在不断加强基础四国部长协调会议的机制以及国际气候治理进程中发挥了重要作用。"中印智库论坛"也开启了中印官方智库对气候问题的关注和交流①。

2008 年，中国科技部与联合国环境规划署签署了《关于非洲环境技术与机制合作谅解备忘录》，项目已于 2010 年和 2014 年完成了两期中国—联合国—非洲环境合作项目，涉及 16 个非洲国家，旨在推动南南合作，提高非洲国家应对气候变化的能力。

中国建立了中国—东盟环境保护合作中心等专门机构并制定了合作战略，面向发展中国家举办了一系列诸如新能源与可再生能源方面的国际培训班，旨在培养相关领域的技术人员、科研人员和管理者，提高能源效率、推动低碳技术。通过南南合作及绿色"一带一路"建设，促进共享生态文明和绿色发展经验。

"一带一路"倡议促进了应对气候变化能力建设，中国政府加强了应对气候变化领域的国际合作。2017 年 5 月，中国成功主办了"一带一路"国际合作高峰论坛，提出推动沿线国家可持续发展合作的系列举措。

二、南南合作

中国政府通过气候变化的南南合作，在发展中国家开展低碳示范区、减缓和适应项目及相关培训活动，通过赠送可再生能源及气候变化监测预警设备，支持编制应对气候变化政策规划，推广气候友好型技术等，为广大发展中国家应对气候变化提供资金和技术等多方面的支持（图 6-7、图 6-8）。

① 高翔，朱秦汉. 印度应对气候变化政策特征及中印合作. 南亚研究季刊，2016（1）：32-38。

图 6-7 中国赠送缅甸应对气候变化物资交接仪式在缅甸首都内比都举行

图 6-8 中国交付赠送给玻利维亚的气象机动站

　　中国政府通过无偿赠送节能低碳产品和举办气候变化研修班等活动，积极开展应对气候变化的南南合作，并取得了良好成效。自 2012 年开始，中国政府出资 2 亿元开展为期 3 年的国际合作，帮助小岛屿国家、最不发达国家、非洲国家等应对气候变化，并于 2014 年宣布从 2015 年起把现有资金支持翻一番。2015 年 9 月，习近平主席在纽约联合国总部主持南南合作圆桌会时宣布，中国设立南南合作与发展学院。同年，中国政府启动了南南气候合作"十百千项目"，在发展中国家开展 10 个低碳示范区、100 个减缓和适应气候变化项目及 1 000 个应对气候变化培训名额的合作计划。截至 2015 年年底，国家发展改革委已与 20 个发展中国家签署了 22 个应对气候变化物资赠送谅解备忘录，累计对外赠送发光二极管灯 120 余万支、发光二极管路灯 9 000 余套、节能空调 2 万余台、太阳能光伏发电系统 8 000 余套，其中，与多米尼克、马尔代夫、汤加、斐济、西萨摩亚、安提瓜和巴布达、缅甸、巴基斯坦等 8 个国家的谅解备忘录分别由习近平主席和李克强总理见证签署，共举办 11 期应对气候变化与绿色低碳发展培训班，培训了来自 58 个其他发展中国家的 500 余名气候变化领域的官员和技术人员。

中国政府通过南南合作机制积极推动和支持广大发展中国家的发展，通过开展一系列的务实项目和有益活动，应对气候变化南南合作已经成为中国与广大发展中国家加强团结和实现互利共赢的有效途径。

第七部分
香港特别行政区应对
气候变化基本信息

香港是中国特别行政区，是一个气候温和、资源短缺、人口密度较高、服务业高度发展和充满活力的城市，也是举世知名的国际金融、贸易和航运中心。

第一章　基本区情

一、自然条件与资源

香港特别行政区（以下简称香港）位于中国南部，北邻广东省深圳市，三面环海。陆地面积为 1 106千米²，主要分为港岛、九龙、新界及离岛，地势多山，少于300千米²的土地面积用于市民生活和工作，超过500千米²的土地用于自然保育，包括郊野公园以及其他保育相关地区。香港位于亚热带，气候温和，过去30年的年平均气温为23.3℃，年均降水量约为2 400毫米。常见的极端天气包括热带气旋、强季风、季风槽及强对流天气等。香港的主要植被是亚热带常绿阔叶林，鱼类、甲壳类等海洋生物物种丰富。香港的淡水资源较为匮乏，本地收集雨水供应量占香港饮用水供应量的20%～30%，其余70%～80%由从广东输入的东江水补足。

二、人口与社会

2016 年香港人口约为 734 万人，2010—2016 年，人口平均年增长率为 7‰。2016年香港劳动人口约有 392 万人，其中男性占 50.9%，女性占 49.1%。2016 年香港就读于公立和资助小学的儿童约有 30 万人，就读于公立和资助中学的学生约有 31 万人。在 2015—2016 财政年度，香港教育方面的总开支达 789 亿港元，占政府开支总额的18.1%。

三、经济发展

香港是高度城市化的经济体。2016 年以当时价格计算的香港地区生产总值约为

2.5 万亿港元，人均约 33.95 万港元，2015 年和 2016 年的地区生产总值年均增长率分别为 6.1%和 3.9%。2016 年三产①结构为 0.1∶7.7∶92.2，第一产业增加值及从业人数比重均较低，自 20 世纪 80 年代初开始，制造业大量转移到内地，对香港经济的增加值贡献逐步降低；第三产业（服务业）贡献逐步增加，其中金融服务业、旅游业、贸易及物流、专业服务及其他工商业支援服务是香港的支柱产业，2016 年外贸总值达7.6 万亿港元，金融及保险业的增加价值为 4 291 亿港元，访港旅客达 5 665 万人次，其中内地旅客为 4 278 万人次。

香港本地基本没有一次能源生产。2016 年，香港能源消费量为 1 116.5 万吨标准煤，其中煤炭、石油、电力和天然气的比重为 1∶40∶50∶9。香港的电力消费以本地火电为主，广东省输入核电为重要补充。2016 年，煤电、气电和核电分别约占香港年用电量的 47%、28%和 25%。

香港公共交通高度发达。公共交通工具包括铁路、电车、巴士和渡轮等，2016 年公交系统日均载客 1 259 万人次，占日出行人次近九成。截至 2016 年年底，香港共有领牌机动车辆约 74.6 万辆，其中私家车约 53.6 万辆，每千人登记机动车辆和私家车保有量分别为 101 辆和 73 辆。

表 7-1 为 2016 年香港基本情况的统计数据。

表 7-1   2016 年香港基本情况

指标	数值
人口/万人，年中人口数	733.7
面积/km²	1 106
以当年价计算的地区生产总值/亿港元	24 907.8
以当年价计算的人均地区生产总值/港元，以年中人口计算	339 500
工业增加值占地区生产总值的百分比 ¹/%	7.7
服务业增加值占地区生产总值的百分比/%	92.2
农业、渔业、采矿及采石增加值占地区生产总值的百分比/%	0.1
用于农业目的的土地面积/km² ²	51

---

① 第一产业包括农业、渔业、采矿及采石；第二产业包括制造、电力、燃气和自来水供应及废弃物管理和建筑业；第三产业包括服务业。

指标	数值
牛/头	1 230
马/匹	1 817
猪/头	69 878
有林地面积/km²	277
预期寿命/岁	81.3（男）；87.3（女）

注：1. 工业包括制造、电力、燃气和自来水供应及废弃物管理和建筑业。

　　2. 采用的是耕地面积。

四、编制气候变化相关信息的机构安排

香港特别行政区政府（以下简称特区政府）一直致力于推动应对气候变化工作。为有效管理和统筹应对气候变化工作，特区政府于 2007 年成立了气候变化跨部门工作小组，通过与各相关政策局、部门和其他团体紧密合作，统筹协调当前与未来的工作及活动，以履行《公约》的相关规定。在制定和推行控制温室气体排放及适应气候变化的措施方面，气候变化跨部门工作小组负责监察及协调相关政策局和部门的工作，密切关注国际气候变化的最新发展，并根据情况建议采取适当的行动。此外，还制定和协调其他宣教活动，以加强公众对气候变化及其影响的了解。

此外，《巴黎协定》已于 2016 年 11 月生效，并适用于香港。为此，特区政府于 2016 年成立了气候变化督导委员会，由政务司司长担任主席，成员包括 13 位政策局局长，负责审视香港以外地方应对气候变化的经验，并评估如何加强香港在减缓、适应等方面的应对气候变化工作。

环境局/环境保护署是气候变化跨部门工作小组及气候变化督导委员会的秘书处，另外还负责统筹、编制国家信息通报及两年更新报告中"香港特别行政区应对气候变化基本信息"章节。

第二章   2010 年香港温室气体清单

香港温室气体清单的编制参考了《1996 年 IPCC 清单指南》《IPCC 优良做法指南》
《2006 年 IPCC 清单指南》，报告年份为 2010 年，报告范围包括能源活动、工业生产过
程、农业活动、土地利用变化和林业（LUCF）、废弃物处理等领域。估算的温室气体
种类包括二氧化碳、甲烷、氧化亚氮、氢氟碳化物、全氟化碳及六氟化硫等。

一、温室气体清单综述

2010 年，香港温室气体净排放总量约为 4 039.67 万吨二氧化碳当量（包括 LUCF），
其中土地利用变化和林业的碳吸收汇约为 41.80 万吨二氧化碳，因此在不包括土地利
用变化和林业的情况下，香港温室气体排放总量约为 4 081.47 万吨二氧化碳当量，其
中二氧化碳约为 3 744.42 万吨，占排放总量的 91.74%；甲烷约为 206.78 万吨二氧化
碳当量，占总量的 5.07%；氧化亚氮约为 31.31 万吨二氧化碳当量，占总量的 0.77%
（表 7-2、表 7-3）；氢氟碳化物约为 92.83 万吨二氧化碳当量，占总量的 2.27%；六氟
化硫约为 6.13 万吨，占总量的 0.15%（表 7-4）。表 7-3 列出了 2010 年香港分部门的
二氧化碳、甲烷和氧化亚氮排放清单。

表 7-2   2010 年香港温室气体排放总量   单位：万 t 二氧化碳当量

	二氧化碳	甲烷	氧化亚氮	氢氟碳化物	全氟化碳	六氟化硫	合计
总量（不包括 LUCF）	3 744.42	206.78	31.31	92.83	0.00	6.13	4 081.47
1. 能源活动	3 681.76	3.94	12.58				3 698.28
2. 工业生产过程	61.00	NE	NE	92.83	0.00	6.13	159.96
3. 农业活动		1.18	1.78				2.96
4. 土地利用变化和林业	−41.80	NE	NE				−41.80

	二氧化碳	甲烷	氧化亚氮	氢氟碳化物	全氟化碳	六氟化硫	合计
5. 废弃物处理	1.66	201.66	16.95				220.27
总量（包括 LUCF）	3 702.62	206.78	31.31	92.83	0.00	6.13	4 039.67

注：1. 阴影部分不需填写；

2. 由于四舍五入的原因，表中各分项之和与总计可能有微小的出入；

3. NE（未估算）表示对现有源排放量和汇清除量没有估计。

表 7-3　2010 年香港二氧化碳、甲烷和氧化亚氮排放量　　　单位：万 t

温室气体排放源与吸收汇的种类	CO_2	CH_4	N_2O
总量（不包括 LUCF）	3 744.42	9.85	0.10
总量（包括 LUCF）	3 702.62	9.85	0.10
1. 能源活动	3 681.76	0.19	0.04
—燃料燃烧	3 681.76	0.09	0.04
◆能源工业	2 726.22	0.08	0.03
◆制造业和建筑业	72.68	0.00	0.00
◆交通运输	731.42	0.01	0.00
◆其他部门	151.44	0.00	0.00
—逃逸排放		0.10	
◆油气系统		0.10	
◆煤炭开采		NO	
2. 工业生产过程	61.00	NO	NO
—水泥生产	61.00		
—卤烃和六氟化硫生产			
—卤烃和六氟化硫消费			
3. 农业活动		0.06	0.00
—动物肠道发酵		0.02	
—动物粪便管理		0.04	0.0
—水稻种植		NO	
—农业土壤		NO	NO
—限定性热带草原烧荒		0.00	0.00
4. 土地利用变化和林业	−41.80	NE	NE
—森林和其他木质生物质储量变化	−41.80		

温室气体排放源与吸收汇的种类	CO$_2$	CH$_4$	N$_2$O
—森林转化	NE	NE	NE
5. 废弃物处理	1.66	9.60	0.05
—固体废物处理	1.66	9.23	NO
—废水处理		0.38	0.05
信息项			
—特殊地区航空	148.28	0.00	0.00
—特殊地区航海	1 094.58	0.10	0.02
—国际航空	1 152.54	0.04	0.01
—国际航海	1 854.56	0.17	0.06

注：1. 阴影部分不需填写。

2. 由于四舍五入的原因，表中各分项之和与总计可能有微小的出入。

3. 0.00 表示有计算结果，但因数位太小显示为 0.00。

4. NO（未发生）表示在境内没有发生的温室气体排放和汇清除；NE（未估算）表示对现有源排放量和汇清除没有估计。

5. 信息项不计入排放总量。

6. "特殊地区航空"及 "特殊地区航海"为香港与内地之间的航空及航海。

表 7-4　2010 年香港含氟气体排放量　　　　　单位：万 t 二氧化碳当量

温室气体排放源与吸收汇类别	HFC$_S$					PFC$_S$		SF$_6$	合计
	HFC-32	HFC-125	HFC-134a	HFC-143a	HFC-227ea	CF$_4$	C$_2$F$_6$		
总量	0.27	1.79	85.08	0.85	4.84	0.0	0.0	6.13	98.96
1. 能源活动									
2. 工业生产过程	0.27	1.79	85.08	0.85	4.84	0.0	0.0	6.13	98.96
—非金属矿物制品									
—化学工业									
—金属冶炼						NO	NO		
—卤烃和六氟化硫生产	NO	NO	NO	NO	NO	NO	NO	NO	NO
—卤烃和六氟化硫消费	0.27	1.79	85.08	0.85	4.84	0.0	0.0	6.13	98.96
3. 农业活动									
4. 土地利用变化和林业									
5. 废弃物处理									

能源活动是香港温室气体的主要排放源。2010年能源活动温室气体排放量占总排放量（不包括LUCF）的90.61%，其他依次为废弃物处理、工业生产过程和农业活动排放，所占比重分别为5.40%、3.92%和0.07%。图7-1列出了香港温室气体排放构成。

香港的温室气体主要是二氧化碳。2010年二氧化碳的排放占总排放量的91.74%，其他依次为甲烷、含氟气体和氧化亚氮，所占比重分别为5.07%、2.42%和0.77%（图7-2）。

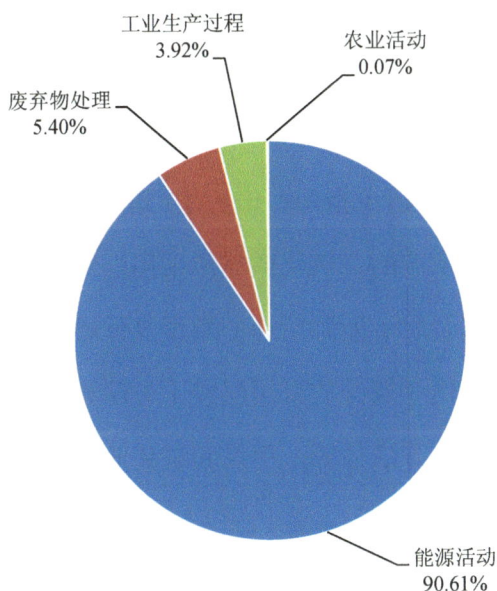

图7-1　香港温室气体排放源构成

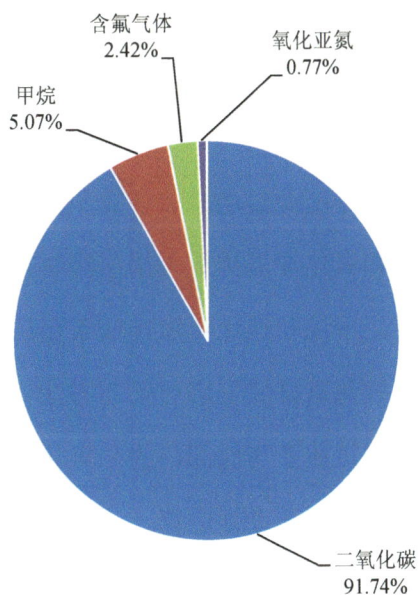

图7-2　香港温室气体排放种类构成

2010年，香港特殊地区航线和国际燃料舱温室气体排放量约为4 279.21万吨二氧化碳当量，其中特殊地区航海和航空运输排放量为1 249.90万吨二氧化碳当量，国际航海和航空运输排放量为3 029.31万吨二氧化碳当量，上述排放均作为信息项单列，不计入香港排放总量，但特殊地区航海和航空运输已作为国内航空、航海排放计入中国温室气体清单总量。

二、能源活动

（一）清单报告范围

能源活动的报告范围主要包括能源工业、制造业和建筑业、交通运输和其他部门化石燃料燃烧的二氧化碳、甲烷和氧化亚氮排放，以及油气系统甲烷逃逸排放。

（二）清单编制方法

香港能源活动排放计算主要依据《2006 年 IPCC 清单指南》，电力生产的二氧化碳、甲烷和氧化亚氮排放采用层级 3 方法计算。煤气生产的二氧化碳排放采用层级 2 方法计算，甲烷和氧化亚氮排放采用层级 1 方法计算。用于能源用途的填埋气体燃烧产生的二氧化碳排放采用层级 2 方法计算，甲烷和氧化亚氮排放采用层级 1 方法计算。制造和建筑业及其他部门的二氧化碳排放采用层级 2 方法估算，甲烷和氧化亚氮排放采用层级 1 方法进行估算。

对于本地航空、本地水运、铁路、非道路和道路运输移动源的二氧化碳、甲烷和氧化亚氮排放，采用层级 1 方法和层级 2 方法计算。

特殊地区运输是指出发地为中国香港，目的地为中国内地其他地区的航空及海上运输活动；国际运输是指出发地为中国香港，目的地为中国内地以外其他地区的航空及海上运输活动。特殊地区及国际航空的二氧化碳、甲烷和氧化亚氮排放采用层级 3 方法（a）估算，特殊地区及国际海运的二氧化碳、甲烷和氧化亚氮排放采用层级 1 方法估算。

除燃气管道输送的甲烷逃逸排放采用层级 1 方法估算外，其他甲烷逃逸排放均采用层级 3 方法估算。

（三）排放清单

2010 年，香港能源活动温室气体排放量约为 3 698.28 万吨二氧化碳当量，其中二氧化碳、甲烷和氧化亚氮分别为 3 681.76 万吨、3.94 万吨二氧化碳当量和 12.58 万吨二氧化碳当量。能源活动排放的二氧化碳量占二氧化碳排放总量的 90.20%。

2010 年，香港能源活动排放中，能源工业（发电及煤气生产）排放量为 2 736.07 万吨二氧化碳当量，占 73.98%；交通运输排放量为 735.49 万吨二氧化碳当量，占 19.89%；其他部门（包括商业和住宅）排放量为 151.73 万吨二氧化碳当量，占 4.10%；制造业和建筑业排放量为 72.98 万吨二氧化碳当量，占 1.97%；甲烷逃逸排放量约为 2.01 万吨二氧化碳当量，约占 0.05%。

三、工业生产过程

（一）清单报告范围

工业生产过程的报告范围主要包括水泥生产过程中的二氧化碳排放，制冷、空调和灭火设备中氢氟碳化物和全氟化碳排放，以及电气设备中的六氟化硫排放。

（二）清单编制方法

基于香港熟料产量和相关资料，采用《1996 年 IPCC 清单指南》层级 2 方法，并同时参考《2006 年 IPCC 清单指南》相关参数，计算水泥生产过程中的二氧化碳排放；巴士、铁路列车空调和大型商业、政府建筑空调以及工业制冷的氢氟碳化物排放采用《2006 年 IPCC 清单指南》层级 2 方法（b）计算；汽车、货车空调和工商业楼宇空调以及家用、商业制冷氢氟碳化物的排放采用层级 2 方法（a）计算；溶剂的全氟化碳排放采用《2006 年 IPCC 清单指南》层级 1 方法计算；灭火设备的氢氟碳化物和全氟化碳排放采用《2006 年 IPCC 清单指南》层级 1 方法（a）计算；电气设备应用的六氟化硫排放采用《2006 年 IPCC 清单指南》层级 3 方法计算。

（三）排放清单

2010 年，香港工业生产过程温室气体排放量约为 159.96 万吨二氧化碳当量，占香港排放总量的3.92%,其中,水泥生产过程的二氧化碳排放量为61.00万吨,占1.49%,制冷和空调、灭火及电气设备使用的氢氟化碳、全氟化碳和六氟化硫排放量分别为92.83 万吨二氧化碳当量、0 万吨二氧化碳当量和6.13 万吨二氧化碳当量。

四、农业活动

（一）清单报告范围

农业活动的报告范围主要包括动物肠道发酵、动物粪便管理的甲烷和氧化亚氮排放,农业土壤的氧化亚氮排放和限定性热带草原烧荒的二氧化碳、甲烷和氧化亚氮排放。

（二）清单编制方法

动物肠道发酵的甲烷排放采用《1996 年 IPCC 清单指南》层级 1 方法,并参考《2006年IPCC清单指南》的缺省排放因子计算;农业土壤直接和间接氧化亚氮排放采用《2006年 IPCC 清单指南》层级 1 方法计算;限定性热带草原烧荒的甲烷和氧化亚氮排放采用《2006 年 IPCC 清单指南》层级 1 方法计算。

（三）排放清单

2010 年,香港农业活动排放量约为 2.96 万吨二氧化碳当量,占香港排放总量的0.07%。动物肠道发酵及牲畜的粪便管理的甲烷和氧化亚氮排放量共 1.62 万吨二氧化碳当量,而农业土壤氧化亚氮排放量约为 1.34 万吨二氧化碳当量。

五、土地利用变化和林业

（一）清单报告范围

土地利用变化和林业活动的报告范围主要包括林地、农田和草地转化所引起的生物量碳储量的变化。

（二）清单编制方法

林地、农田和草地转化所引起的生物量碳储量变化的二氧化碳排放采用《2006 年 IPCC 清单指南》层级 1 方法，并参考相关的排放因子计算；森林和其他木本生物量碳储量变化的二氧化碳排放或吸收也采用层级 1 方法计算。

（三）排放清单

2010 年香港土地利用变化和林业活动为碳汇，净吸收二氧化碳约 41.80 万吨，全部来自林地及草地转化所引起的森林和其他木质生物量碳储量变化的碳吸收。

六、废弃物处理

（一）清单报告范围

废弃物处理的报告范围主要包括固体废物填埋处理的甲烷排放，生活污水和工业废水处理的甲烷和氧化亚氮排放，以及废弃物焚烧的二氧化碳排放。

（二）清单编制方法

废弃物处理排放计算主要是基于《2006 年 IPCC 清单指南》，固体废物填埋处理的甲烷排放采用层级 2 方法计算，废水处理的甲烷和氧化亚氮排放采用层级 1 方法计算，化学废料处理的二氧化碳排放也采用层级 1 方法计算。

（三）排放清单

2010 年香港废弃物处理排放量为 220.27 万吨二氧化碳当量，占香港排放总量的 5.40%，其中大部分为甲烷，排放量为 201.66 万吨二氧化碳当量，占香港甲烷排放总量的 4.94%。

七、质量保证和质量控制

（一）清单编制过程中开展的质量保证和质量控制工作

清单编制机构在清单编制过程中，始终注意加强清单编制质量保证和质量控制工作，以提高清单编制质量。开展的活动主要包括：

（1）在编制方法的选择上，严格按照 IPCC 提供的指南进行编制，以保障清单编制的科学性、可比性和透明性。

（2）在活动水平数据的收集和分析过程中，与相关部门密切配合，获取权威的第一手官方资料，并安排专门的人员进行管理、校核和检查，以保证所采用数据的权威性和合理性。

（3）在确定排放因子时，尽量使用符合香港实际情况的排放因子，如果没有反映香港特征的排放因子，则参考 IPCC 指南提供的缺省排放因子，以确保清单结果的准确性。

（二）清单存在的不确定性分析

降低不确定性所采取的措施主要包括以下两个方面：一是完善数据收集工作。利用官方公布的统计数据、本地实测排放因子及参数，同时参考《2006 年 IPCC 清单指南》最新的相关参数。二是选择适当的方法学。根据数据的可获得性，选用高层级方法进行清单计算。

清单的不确定性。根据《2006 年 IPCC 清单指南》的误差传递法分析，2010 年香港温室气体清单的不确定性约为 4.34%，其中发电过程的燃煤排放是清单编制不确定性的最大来源，主要原因是电厂煤耗的品种和数量等统计数据方面的局限。

八、影响未来排放的主要因素

影响香港未来温室气体排放的主要因素包括人口、经济发展和结构调整以及生活方式的改变。预计未来香港温室气体排放总量将保持稳定，并呈逐步下降趋势。

（一）人口增长

2016 年香港人口约为 734 万人，据推算 2020 年将达到 756 万人，比 2016 年增长 3.0%；2030 年将达到 796 万人，比 2016 年增长约 8.5%。人口增长给控制温室气体排放带来压力。

（二）经济发展和结构调整

香港经济过去 20 年的增长速度高于全球同期平均水平，预期未来仍将保持持续增长。一方面，经济的持续增长将会导致能源、交通运输等需求的不断增加；另一方面，考虑到第三产业产值和比重不断增加，香港单位地区生产总值温室气体排放也有望实现持续下降的态势。

（三）生活及消费模式变化和技术进步

在特区政府的大力推动下，企业和市民广泛参与应对气候变化，同时当地的生产、生活及消费模式也在逐步改变，清洁能源不断发展，低碳节能技术长足进步。未来香港将迎来绿色低碳发展的新机遇，从而有助于实现减缓温室气体排放的目标。

九、二氧化碳排放趋势

（一）分析方法与情景假设

特区政府于 2016 年对 2020 年及 2030 年香港二氧化碳的排放情景进行了评估。采用的是综合能源、经济和环境模型，即香港 MARKAL-MACRO 模型。由于发电部门的排放量约占香港碳排放总量的 2/3，因此情景的设定主要考虑了发电燃料的结构，同时也顾及了其他一些重要因素，如建筑物、交通及电器产品的能源效益、区域供冷系统的应用、废物处理和转废为能等。

由于特区政府已开始减少燃煤发电，煤电将由 2015 年的 50%下降至 2020 年的约 25%。同时将增加燃气发电，由 2015 年的 25%增加至 2020 年的 50%，保持输入的核电约 25%的占比，以及发展更多可再生能源并采取更多需求侧管理措施。因此，2020 年为一个规划情景，2030 年设定了两个情景：情景一使用少量燃煤发电，其余发电来自燃气发电（约 60%）及零碳能源；情景二完全停用燃煤发电，只靠燃气发电（约 70%）及零碳能源。

（二）模拟结果初步分析

模拟结果显示，2020 年香港碳排放强度比 2005 年下降约 51%，人均碳排放从 6.2 吨下降至 4.3 吨左右；2030 年香港碳排放强度将比 2005 年下降 65%～70%，人均碳排放量为 3.3～3.8 吨。模拟结果列于表 7-5。2030 年结果符合特区政府制定的 2030 年碳减排目标。

表 7-5　未来排放预测

年份	情景	碳排放强度/（t CO_2 eq/万港元 GDP）*	碳强度比 2005 年下降/%	人均碳排放量/t CO_2 eq	排放量/万 t CO_2 eq
2020	约 25%煤炭；约 50%天然气；约 25%核能；发展更多可再生能源及采取更多需求管理措施	0.119	51	4.3	3 255.1
2030	情景一：少量煤炭；约 60%天然气；约 25%零碳能源	0.085	65	3.8	3 022.7
	情景二：不含煤炭；约 70%天然气；约 25%零碳能源	0.074	70	3.3	2 639.7

注：* 地区生产总值均按 2015 年环比物量计算。

十、历年香港温室气体清单信息

为保持一致性和连续性，本部分会同时给出初始国家信息通报、第二次国家信息通报以及第一次两年更新报告中三次历史年份（1994 年、2005 年和 2012 年）的清单信息概要。

（一）1994 年香港温室气体清单

1994 年香港温室气体净排放总量约为 3 516.33 万吨二氧化碳当量（包括 LUCF），其中二氧化碳、甲烷、氧化亚氮和含氟气体所占的比重分别为 94.16%、4.41%、1.07% 和 0.36%，土地利用变化和林业的温室气体吸收汇约为 46.16 万吨二氧化碳当量。在不包括土地利用变化和林业的情况下，1994 年香港温室气体排放总量约为 3 562.52 万吨二氧化碳当量，其中二氧化碳、甲烷、氧化亚氮和含氟气体所占的比重分别为 94.24%、4.35%、1.05%和 0.36%（表 7-6）。

表 7-6　1994 年香港温室气体排放构成

温室气体	不包括土地利用变化和林业		包括土地利用变化和林业	
	二氧化碳当量/万 t	比重/%	二氧化碳当量/万 t	比重/%
二氧化碳	3 357.22	94.24	3 310.90	94.16
甲烷	155.04	4.35	155.04	4.41
氧化亚氮	37.51	1.05	37.64	1.07
含氟气体	12.75	0.36	12.75	0.36
合计	3 562.52		3 516.33	

（二）2005 年香港温室气体清单

2005 年香港温室气体净排放总量约为 4 081.24 万吨二氧化碳当量（包括 LUCF），其中二氧化碳、甲烷、氧化亚氮和含氟气体所占的比重分别为 91.60%、5.34%、0.93% 和 2.12%。土地利用变化和林业的温室气体吸收汇约为 40.52 万吨二氧化碳当量，因此在不包括土地利用变化和林业的情况下，2005 年香港温室气体排放总量约为 4 121.76 万吨二氧化碳当量，其中二氧化碳、甲烷、氧化亚氮和含氟气体所占的比重分别为 91.69%、5.29%、0.92%和 2.10%（表 7-7）。

表 7-7　2005 年香港温室气体排放构成

温室气体	不包括土地利用变化和林业		包括土地利用变化和林业	
	二氧化碳当量/万 t	比重/%	二氧化碳当量/万 t	比重/%
二氧化碳	3 779.07	91.69	3 738.41	91.60
甲烷	218.02	5.29	218.02	5.34
氧化亚氮	37.96	0.92	38.10	0.93
含氟气体	86.71	2.10	86.71	2.12
合计	4 121.76		4 081.24	

（三）2012 年香港温室气体清单

2012 年香港温室气体净排放总量约为 4 253.34 万吨二氧化碳当量（包括 LUCF），其中二氧化碳、甲烷、氧化亚氮和含氟气体所占的比重分别为 91.51%、5.18%、0.81% 和 2.49%。土地利用变化和林业的温室气体吸收汇约为 45.85 万吨二氧化碳当量，因此在不包括土地利用变化和林业的情况下，2012 年香港温室气体排放总量约为 4 299.18 万吨二氧化碳当量，其中二氧化碳、甲烷、氧化亚氮和含氟气体所占的比重分别为 91.60%、5.13%、0.80%和 2.47%（表 7-8）。

表 7-8　2012 年香港温室气体排放构成

温室气体	不包括土地利用变化和林业		包括土地利用变化和林业	
	二氧化碳当量/万 t	比重/%	二氧化碳当量/万 t	比重/%
二氧化碳	3 938.19	91.60	3 892.21	91.51
甲烷	220.51	5.13	220.51	5.18
氧化亚氮	34.48	0.80	34.62	0.81
含氟气体	106.00	2.47	106.00	2.49
合计	4 299.18		4 253.34	

第三章 气候变化的影响与适应

现有观测和评估结果显示，香港的气候变暖趋势加快，海平面上升和极端天气事件发生频率增加。特区政府已采取加强基础设施建设、建立相关工作机制等多种措施，以提高适应气候变化能力。

一、气候变化特征和趋势

（一）气候特征

总体来看，香港气候变化趋势与全球整体趋势基本一致。香港天文台对气象参数进行的系统观测始于 19 世纪 80 年代（图 7-3），从温度变化趋势来看，1885—2016 年的气温平均上升速度为 0.12℃/10 年，而在 1987—2016 年，上升速度增加至 0.15℃/10 年。

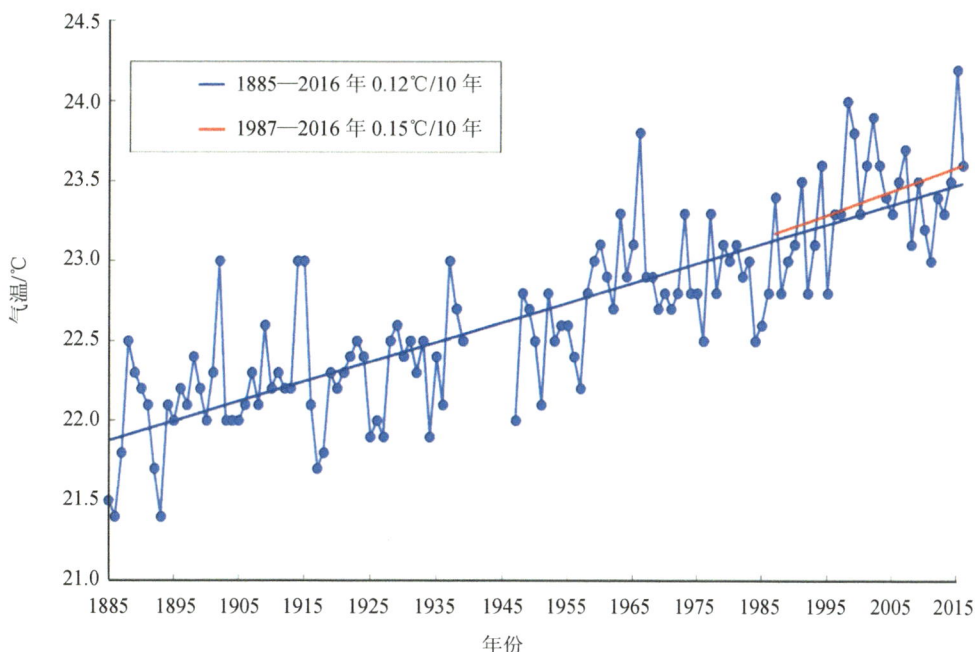

图 7-3 香港天文台总部记录的年平均气温（1885—2016 年）

从海平面上升趋势来看，1954—2016 年香港维多利亚港海平面上升明显，平均每年上升 3.1 毫米。从极端天气事件来看，1947—2016 年香港年大雨日数（一小时降水量超过 30 毫米）平均每 10 年增加 0.3 天，同期的年雷暴日数平均每 10 年增加 2.0 天。

（二）未来气候变化趋势

香港天文台利用 IPCC 全球气候模式在多个不同温室气体浓度情景下得到的模拟结果，结合过去香港的气温及降雨记录，使用降尺度方法对香港未来气温和降水量趋势进行了预估，其中气温推算考虑了城市热岛效应的影响。在高温室气体浓度情景下的推算[1]结论如下：一是与 1986—2005 年的年均气温 23.3℃相比，2091—2100 年将高出 3～6℃；二是热夜（日最低气温 28℃或以上）数量和酷热天气（日最高气温 33℃或以上）日数将显著增加，而寒冷天气（日最低气温 12℃或以下）日数持续减少；三是与 1986—2005 年的年均降水量 2 400 毫米相比，2091—2100 年将高出约 180 毫米。此外，2006—2100 年极端多雨的年数（即年降水量超过 3 168 毫米）从 1885—2005 年的 3 年大幅增加至 12 年，而极端少雨的年数（即年降水量少于 1 289 毫米）则维持在 2 年，平均降雨强度也会增加；四是 2081—2100 年香港及邻近水域的平均海平面高度较 1986—2005 年的平均值高 0.63～1.07 米[2]，海平面上升导致极端水位也将显著提高。

二、主要脆弱性领域及适应气候变化行动

香港最易受到气候变化影响的领域分布在生物多样性、水资源、卫生健康以及基础设施等方面。

针对气候变化可能带来的影响，特区政府大力推进适应气候变化的行动，目前已在多个范畴取得进展。

---

[1] 其他温室气体浓度情景下的推算可参考 https://www.hko.gov.hk/climate_change/future_climate_c.htm。
[2] 已包含地壳垂直运动的影响。

（一）生物多样性

增加市区植被多样性是特区政府制定及推广城市林务策略的一个重点。通过推广种植各类物种，可使城市林木更能抵御病虫害，防止树木大量枯萎，以及减少长期维护保养工作。同时，在市区种植原生物种不仅有利于生物多样性，还可以提升市区与周边自然保护区的生态联系。此外，种植多层次的植被能过滤更多灰尘和污染物，可进一步降低城市热岛效应，提供更加持续的城市景观，使周边环境更宜居。

（二）水资源

香港缺乏淡水资源，没有天然湖泊、河流或大量地下水源。除本地收集雨水外，香港也从广东输入的东江水补足，现行东江水供水协议中的年供水量上限为 8.2 亿米^3。2018 年香港全年耗水量为 12.92 亿米^3，其中 57% 为从广东输入的东江水，21% 来自本地集水区收集的雨水，其余 22% 是冲厕用海水。面对气候变化、人口及经济快速增长，饮用水需求持续增加，以及珠三角地区水资源竞争等挑战，自 2008 年起，特区政府已将适应气候变化纳入水资源管理策略，以确保香港的供水稳定及支持可持续发展。除一些硬件措施（如使用节流器等）外，水务署还展开宣传和推广节约用水，降低管网的用水损失，加大用于饮用的海水淡化量，增加用于非饮用的再造水、中水重用和雨水回收量，以及继续探索本地水资源高效利用的方法。

（三）卫生健康

气候变化所引发的媒介传播疾病及与高温有关的疾病已成为日趋严重的健康问题。卫生署一直通过多种渠道推广相关健康信息，包括加强公众对蚊媒传染病和预防蚊子叮咬的认识。另外，卫生署与天文台合作，适时发出新闻公报提醒市民留意炎热天气情况，采取适当措施预防中暑及紫外线。

气候变化对食物安全的影响包括食物掺杂污染物、食物内化学物残余、食源性疾病等。食物及环境卫生署辖下的食物安全中心（以下简称食安中心）通过常规的食物监察计划，以风险为本，在进口、批发和零售层面抽取食物样本进行微生物、化学和辐射检测。考虑到气候变化可能带来的影响，食安中心会定期评估食物监察计划，以确保市面出售的食物适宜食用，并符合香港其他法例规定。此外，食安中心通过宣传教育活动，预防和控制与气候变化有关的食物传播疾病。

（四）基础设施建设

为应对气候变化对香港基础设施建设的影响，特区政府在 2016 年 6 月成立了气候变化基建工作小组，更全面地统筹规划基建领域应对气候变化对策。工作小组由土木工程拓展署召集，目前成员来自发展局、建筑署、屋宇署、渠务署、机电工程署、路政署、天文台及水务署。特区各相关部门已采取多种应对气候变化的措施：

（1）土木工程拓展署参考联合国政府间气候变化专门委员会第五次评估报告，于 2018 年 1 月更新《海港工程设计手册》，当中加入了气候变化下海平面高度上升及风速增加的推算。此外，土木工程拓展署正在进行研究，制定在香港现有重要基础设施的清单及建议提升其抗逆能力的工程范畴。该署还在推行"长远防治山泥倾泻计划"，以应对与人造斜坡和天然山坡有关的山泥倾泻风险。

（2）自 2008 年起，渠务署全面评估现有排水系统的排洪能力，结合气候变化和城市可持续发展等因素，规划短期及长远排水改善措施，开展排水改善工程，以应对增加的水浸风险。同时，渠务署分阶段为现有排水系统安排全面勘查，务求及时识别风险高的老化渠管，修复老化雨水渠及污水渠。另外，为了在有效排水的同时提升绿化、提高生物多样性、美化环境及满足居民近水活动需求，渠务署于 2015 年 12 月开展咨询研究，就香港明渠提出具体可行的活化水体方案。此外，特区政府积极研究城市"可洪泛地点"概念的可行性，即严重极端天气下，在特定和可控制范围内发生一定程度的水浸，从而减少洪水对大范围或有重要城市设施地区的破坏，降低传统排水系统的压力和社会经济损失，提高城市耐洪能力。

（3）水务署正逐步建立"智管网"，在食水供应管网内设立监测区域，持续监测食水供应管网的整体状况，分析食水供应管网数据，从而制定处理监测区域的优先顺序及最有效解决个别监测区域内用水流失的措施，包括：①水压管理；②主动测漏及控制；③就爆裂和渗漏的水管进行优质和快速维修；④更换不符合维修成本的老化水管。在"智管网"下，香港食水供应管网将会分成 2 000 多个监测区域。截至 2018 年 12 月底，水务署已设立约 1 260 个监测区域，预期余下的监测区域将于 2023 年建立完成。

（4）香港电灯自 2012 年起逐步淘汰架空电缆，其输电和配电网络以电缆隧道和地下电缆为主，以免受风暴影响。香港电灯和中华电力两家电力公司部署了先进的电缆诊断技术，以识别和替换较弱组件，降低停电的风险。

（五）应变能力

为降低热带气旋和暴雨等恶劣天气的影响，香港制订了行之有效的应变计划，包括加强极端天气预报及相关课题研究；建立了良好的通信系统，包括由天文台负责操作的天气警告和预警系统，渠务署、天文台及民政事务总署联合在易发生海水淹浸的低洼地点设立风暴潮预警系统；金融监管机构制订金融业应急计划，确保重大金融基建、交收系统、证券及期货交易市场运作有序，令突发事件（包括极端气候事件）对金融业的影响降至最低；制定电力系统极端天气抵御方案，包括优化高风险建筑和电塔的结构、安装智能开关设备、建立水浸预报和预防机制，提升设备规格以应对更高的操作温度，还制订了落实紧急程序和人手调动计划，配合定期演习为紧急事故做好准备。

保安局的紧急事故支援组负责统筹包括《天灾应变计划》的各项应变计划，以确保有关计划能够协调并进。发展局成立的跨部门危急应变工作小组负责增强公众对潜在天然灾害的了解，协助统筹事故的监察及管理工作。在特区政府的紧急应变系统下，民政事务总署通过民政事务总署的紧急事故统筹中心和 18 区民政事务处的地区紧急事故统筹中心，在其他政府部门的合作下，统筹地区层面的救灾支援工作。此外，其他部门也会制订各自的应变计划，以应对由气候变化带来的影响。

受极端天气影响可能出现复合灾难，例如多宗水浸、塌树、山泥倾泻等事故同时发生，土木工程拓展署正在研发"联合运作平台"，用于应对多种灾害同时发生时的紧急信息互通和支援。该平台基于地理信息系统，可实现各部门实时互通紧急信息，还可提供天气情况、临时庇护中心最新情况等相关信息，为处理紧急事故提供全面的工作平台。

三、未来适应气候变化措施

为进一步加强适应气候变化，特区政府将进一步加大调查研究、加强制度建设以及强化宣传和教育等。

（1）加大调查研究。深入研究脆弱领域和行业，评估其潜在风险，识别出适应气候变化的重点措施，确定各项改善措施的优先顺序。

（2）加强制度建设。完善现行的体制机制，修订监察和核查制度，提高机构适应气候变化的能力。

（3）强化宣传和教育。特区政府将继续推出宣传活页、电视和电台宣传信息、宣传短片、海报及全新的气候变化网站，以提醒市民关注适应气候变化和宣传政府推出的应对措施。此外，特区政府的环境及自然保育基金也会资助非营利团体进行适应气候变化的宣传教育活动。特区政府也会继续举办一系列与气候相关的教育及宣传活动，形式包括专题及巡回展览、公众咨询会、研讨会、讲座、比赛、嘉年华会、约章计划及颁奖典礼等。

第四章　减缓气候变化相关政策与行动

作为国际化大都市，香港一向关注气候变化问题，并配合中央政府，通过调整能源结构、提高能源效率、发展低碳运输系统、推进绿色低碳社区、大力开展植树造林等方面的政策和措施，为有效控制温室气体排放做出了积极努力。

一、政策及目标

2010 年以来，特区政府继续推行减缓温室气体排放政策措施。2014 年《香港应对气候变化策略及行动纲领》首次提出温室气体减排量化目标，即到 2020 年碳排放强度比 2005 年降低 50%～60%。通过采取多方面措施，香港控制温室气体排放取得明显进展：2010—2016 年，香港人口增长 4.4%，地区生产总值实际增长 2.9%，单位地区生产总值二氧化碳排放下降 29% 左右，2016 年人均温室气体排放量维持在 5.7 吨二氧化碳当量左右。

2016 年，通过咨询各利益相关方及公众意见，气候变化督导委员会建议制定 2030 年香港碳减排目标：碳排放强度比 2005 年水平降低 65%～70%，相当于绝对碳排放量比 2005 年降低 26%～36%，人均排放量减少至 3.3～3.8 吨。2017 年 1 月，特区政府公布了《香港气候行动蓝图 2030+》[①]，包括为实现 2030 年碳减排目标的各项主要政策措施。

二、能源工业

（1）逐步减少燃煤发电。香港约 70% 的碳排放源自发电，减少碳排放最有效的方法是改变发电的燃料构成。鉴于现有的两家电力公司（以下简称"两电"）在未来几

[①] http://www.enb.gov.hk/sites/default/files/pdf/ClimateActionPlanChi.pdf.

年将新增燃气发电机组，以取代燃煤发电机组，预期2020年香港可大幅降低碳排放强度，2020年前可实现碳排放达峰。为进一步降低碳排放，实现2030年碳减排目标，香港将进一步减少燃煤发电，在2030年或之前将淘汰大部分燃煤发电机组，替换成更低碳的能源发电。

（2）推广可再生能源。2017年4月，特区政府与"两电"签订了2018年后生效的《管制计划协议》。推广可再生能源是协议的重点内容之一。有关措施包括引入上网电价，鼓励私营机构及社会公众资金投向分布式可再生能源，其生产的电力可按高于一般电价水平的价格售予"两电"，以支付其投资于分布式可再生能源系统和发电的成本。同时，"两电"对来自可再生能源的电力出售可再生能源证书，买家可凭此证明对可再生能源的支持；出售可再生能源证书的收入有助减轻推行上网电价对电费的影响。另外，特区政府与"两电"达成协议，"两电"将协助分布式可再生能源接入电网，同时特区政府也鼓励"两电"自行发展可再生能源。

三、建筑业

（1）提高建筑物能效。2012年实施的《建筑物能源效益条例》规定，新落成或进行大翻新的建筑物内的中央屋宇装备装置，必须符合《屋宇装备装置能源效益实务守则》要求的能源效益标准。参照国际标准及最新技术发展，上述实务守则每3年修订一次，第二次修订已于2018年完成，新标准于2019年生效，较2012年的标准提升18%。新标准实施后，预期到2028年可为所有新建建筑物和现有建筑物节能270亿千瓦·时电，相当于减少排放约1 900万吨二氧化碳。《建筑物能源效益条例》还要求商业建筑物的拥有人依据《能源审核守则》，每隔10年为中央屋宇装备装置进行能源审核，《能源审核守则》也会做定期修订。特区政府以身作则，为政府建筑物制定明确的节电目标：政府建筑物在运行情况与2013—2014年度相似的基础上，2015—2016至2019—2020五个财政年度内节约用电5%。目前已完成约340栋主要政府建筑物的能源审核。为协助相关决策局及部门进行能源审核所制定的节能项目，特区政府已预留至少9亿元以逐步推行有关项目。特区政府还鼓励相关决策局和部门通过委任环保经理及能源管理员，加强节约能源的工作并改善内部管理措施，推行节电计划。在推行这些措施后，政府建筑物在前 3 年已节省用电 4.9%。

（2）提升电器能效。特区政府于 2008 年通过实施《能源效益（产品标签）条例》，推行《强制性能源效益标签计划》。新能源效益评级标准在 2014 年 10 月公布，并在 2015 年 11 月全面实施。提升标准后，每年可节省约 3 亿千瓦·时电，减少排放 21 万吨二氧化碳。另外，特区政府还修订了《能源效益（产品标签）条例》的附属法例，把额外五类产品纳入《强制性能源效益标签计划》，这 5 类产品为电视机、储贮水式电热水器、电磁炉、洗衣机（洗衣量超过 7 千克但不超过 10 千克），以及具备供暖及制冷功能的空调机，估计每年可额外节省约 1.5 亿千瓦·时电，减少排放 10.5 万吨二氧化碳，有关工作在 2018 年年中完成。特区政府会继续分阶段把更多电器纳入"强制性能源效益标签计划"，并提升能源效益评级的标准。

（3）开展建筑物温室气体排放核算。特区政府于 2008 年推出《香港建筑物（商业、住宅或公共用途）的温室气体排放及减除的核算和报告指引》，建筑物的使用者及管理人员可以利用该指南，评估自身建筑物的碳排放量，并制定减排措施。特区政府一直以来致力于推动碳审计，并已带头对政府建筑物和公共设施进行碳审计。从 2017—2018 财政年度开始，决策局及部门将为年耗电量超过 50 万千瓦·时的主要政府大楼进行年度碳审计及披露其碳审计的结果。环保署已举办多场碳审计工作坊，进一步支援各部门开展碳审计工作。

（4）从地区发展方面提升能效。为配合启德发展区的低碳发展，特区政府在该区设立了区域供冷系统，为区内的建筑物提供冷水以作空调之用，该系统已于 2013 年年初开始运行。与传统气冷式空调系统和独立使用冷却塔的水冷式空调系统相比，区域供冷系统可分别节省约 35% 和 20% 的用电量。由于区域供冷系统的能源效益较高，在整个系统完成后，估计每年可节约高达 8 500 万千瓦·时电，减少排放 5.95 万吨二氧化碳。特区政府计划在合适的新发展区或重建区继续提供区域供冷系统，推动低碳发展。

四、交通运输

（一）扩展铁路网络

以铁路为客运系统的骨干，融合运输与土地用途规划。过去数年香港的铁路发展迅速，先后开通西港岛线、观塘线延线、南港岛线（东段）和广深港高速铁路香港段；沙田至中环线项目正稳步推进。沙田至中环线项目完成后，香港铁路的总长度将增加至 270 千米以上，铁路服务覆盖范围将超过 70%本地人口，本地公共运输总载客量中铁路所占比例将增至 43%。在回应运输需求、合乎经济效益、配合新发展区和其他新发展项目的发展需要三大前提下，加上考虑铁路发展可能带来潜在的房屋供应，特区政府将有序地推展《铁路发展策略 2014》建议的新铁路项目，目标是把铁路网络覆盖全港约 75%人口居住的地区和增加约 85%的就业机会。

（二）推广电动汽车使用

为推动香港电动汽车的发展，特区政府成立了推动使用电动车辆督导委员会，由财政司司长担任主席，成员来自不同的部门，为特区政府提供相关的政策建议，主要包括以下措施：

（1）豁免电动汽车首次登记税（直至 2017 年 3 月底）。

（2）企业购买包括电动汽车在内的环保车时，其资本开支可于买车首年在计算利得税时全数扣减。

（3）2011 年 3 月成立 3 亿港元绿色运输试验基金，鼓励公共运输业、货车营运人士和非营利机构试验绿色创新及低碳运输技术（包括电动汽车）。

（4）全额资助专营巴士公司购置 36 辆单层电动巴士和相关充电设施，在多条路线试验行驶，以全面测试它们在本地环境下的运作情况。

（5）宽减配备电动汽车充电基本设施的新建私人楼宇停车场计入总楼面面积，鼓励发展商在新建楼宇的停车场配备电动车充电装置的基本设施（包括充足的电力供应、电缆及管道等），方便以后根据需要安装充电装置。

（6）在特区政府内建立一支专职队伍和服务热线，对有意愿安装充电设施的人士提供资讯及技术支援。同时，特区政府还就安装充电设施的安排及技术要求发布了指引。

（三）推进其他相关措施

特区政府会继续采取适当措施，控制私家车数量，加强各种公共交通服务的协调，以减轻道路交通的拥堵，更好地满足乘客出行的需求。特区政府还一直推动"香港好·易行"，建设行人友善环境，并继续在新市镇及新发展区缔造"单车友善"环境，方便市民踏单车作短途代步或消闲用途。

五、废弃物处理

（一）提倡废弃物减量化

特区政府推行废物源头分类计划，在源头增设废物分类设施，方便居民在源头将废物分类，鼓励减少废弃物、提倡回收及循环再利用。2016 年香港市区的固体废物回收率为 34%。

（二）强化资源回收利用

所有运作中的填埋场均利用填埋气作为燃料生产能源，供填埋场基础设施使用，同时也为渗滤液处理设施提供热能。香港现有 4 家大型二级污水处理厂，所产生的沼气被用作发电和供热，供厂内设施使用，污泥会被运送至污泥焚化设施进行转废为能处理。香港还有 1 间有机资源回收中心，该中心利用厌氧消化技术把厨余垃圾转化成生物气。

（三）加大废弃物资源化

环境局及环保署于 2015 年 9 月委托顾问就未来废弃物管理及转运设施的规划进行研究。该项研究将甄别和筛选截至 2041 年所需新增的废弃物处理设施及技术，以满足香港未来废弃物处理的需求。选中的设施须满足以下四个条件：

（1）尽量增加废弃物资源回收。

（2）优化废弃物管理技术及土地用途的协同效应。

（3）减少弃置未经处理或未经分类的固体废物于堆填区。

（4）减少使用车辆运载废物的需要。

六、植树及市区绿化

2010—2017 年，香港种植了大约 5 400 万棵树，其中约 600 万棵为乔木。近年来，特区政府以全面和可持续的作业方式来推动优质的城市景观设计和树木管理，包括因地区特色制定和以"植树有方，因地制宜"为原则选择合适的品种实施绿化总纲图，推行绿色基建如垂直园境屋顶园境，采用透水铺地物料和雨水收集等措施。截至 2017 年年初，香港共设立了 24 个郊野公园及 22 个特别地区，总面积约达 443 千米²，约占香港土地的 40%。这些保护区不但有利于维持丰富的生物多样性，也有助于提高香港的二氧化碳吸收能力。

七、减缓行动的测量、报告和核实相关信息

有关香港的减缓行动，气候变化跨部门工作小组秘书处已整合并记录政策局及相关部门推行的减缓行动和进展状况。特区政府已于 2016 年第一季度举办了研讨会以提高政策局及相关部门对减缓行动的测量、报告和核实的理解。

为了促进温室气体核证和核实领域的发展，香港在 2012 年 12 月推出温室气体核证/核实机构的认可服务，获得认可的机构可以按照 ISO 14064 认证标准开展温室气体

排放报告核实工作。

　　特区政府与香港交易所共同向上市公司介绍及推广特区政府于 2014 年 12 月推出的香港上市公司碳足迹资料库网站。截至 2018 年，共有超过 80 家上市公司在网站上公开了其有关碳管理的资料。

第五章　其他相关信息

香港在加强气候系统观测与研究，提高气候变化教育、宣传和培训工作，鼓励公众参与，增强气候变化意识，拓展国内外合作与交流等方面开展了一系列活动。

一、气候系统观测与研究

香港的气候变化观测与研究工作由香港天文台承担。香港天文台的主要服务包括天气预测及警告，发布即时天气资讯、热带气旋消息、天气图、雷达图及卫星云图等。香港天文台也从事气候变化研究，分析天气及气候对社会的影响，预测全年降水量和影响香港的热带气旋数目等。利用最新的 IPCC 全球气候模式数据，香港天文台已更新了对香港气温、降水量和极端天气事件的推算。香港天文台已完成香港 21 世纪极端"暖湿"天气日数的研究及推算，预测香港在21 世纪的每年极端"暖湿"天气日数和每年最长连续极端"暖湿"天气日数均会增加。

二、教育和宣传及公众意识

香港天文台通过多个渠道提升社会各界对气候变化的认识，包括学校讲座、开放日、社交媒体、专题网页、网上短片等；与香港电台联合制作及播放名为《大气候》的电台节目，提高市民积极应对气候变化所带来挑战的能力；另外，香港天文台还发布世界各地有关气候变化的最新情况和研究结果。2016 年，香港天文台出版了气候变化小册子《全球变暖下的香港》（第二版），更新了香港的气候推算，并联同政府有关部门和其他机构举办"回应·气候"巡回展览。

为提高市民应对气候变化的意识，重点介绍特区政府将会推出的主要应对措施，环境局在 2017 年 1 月推出宣传活页、电视和电台宣传信息、宣传短片、海报及全新的气候变化网站①。此外，环境及自然保育基金委员会已于 2017 年 2 月预留 1 000 万元资助非营利组织开展以气候变化为主题的公众教育活动及项目。

教育局于 2016 年 10 月—2017 年 5 月举办了香港校际气候变化跨课程专题比赛。作为比赛的延伸项目和提升师生对气候变化问题的认知，教育局计划邀请本地和海外专家、各政府部门、保育团体和本地学校，为香港中小学师生举办一系列有关气候变化的研讨会、工作坊、参观和实地考察，以及为学校提供有关气候变化的教学资源。教育局于 2017 年 4 月向所有学校发出一份有关"学校的环保政策及节约能源措施"通告，用以提醒各学校制定本校环保政策和推行节约能源措施的重要性，并提供最新的相关资料和资源。

环境局与机电工程署自 2015 年起推出"全民节能"运动，推广节能以应对气候变化。2016 年，继续开展"节能约章"和"悭神大比拼"比赛等活动。为响应"世界环境日"，政府设立的环境运动委员会于 2017 年 6 月首次在户外举办"零碳 FUN 墟"，主题环绕"气候变化，低碳生活"，当中包含多个与低碳有关的本地社区活动。当日约有 40 个非政府机构、绿色团体、公用事业机构和学校参加，共同提高公众的低碳意识。

三、加强区域合作

研究区域清洁能源及可再生能源发展战略，并助推其研发和应用，支持企业节能减排，加强应对气候变化相关的科学研究、技术开发应用、宣传教育和基础能力建设等方面的交流与合作。

自 2011 年香港成为 C40 城市气候领导联盟指导委员会成员以来，推动了世界各大城市群策群力，共同应对气候变化。2011 年成立的粤港应对气候变化联络协调小组，由香港环境局局长及广东省发展改革委主任共同主持、磋商和协调两地应对气候变化的相关事宜，积极推动两地在控制温室气体排放及相关科学研究、技术开发应用和宣传教育等方面的合作交流。

---

① https://www.climateready.gov.hk/?lang=2.

四、资金、技术和能力建设需求

（一）资金需求

主要资金需求包括编制温室气体清单、组织能力建设研讨会和讲习班、实施减缓和适应措施，以及参与国际会议和培训等活动的费用。

（二）技术需求

在减缓气候变化方面的技术需求主要包括建筑节能系列产品技术、新型墙体材料技术、混合动力和电动汽车（包括大型巴士）技术、高效能快速汽车充电技术、高性能电池及材料技术、可再生能源（特别是建筑光伏一体化系统）技术及转废为能技术等。

在适应气候变化方面的技术需求主要包括环境和生态系统保护技术、为建筑环境及基建开发气候风险评估技术、能源需求及供应变化预测技术，以及对食物链影响、食物危害和水资源影响的分析技术等。

（三）能力建设

在能力建设方面的需求主要包括加强信息通报和温室气体清单编制队伍的建设和相关培训、强化现行法例及管理、制定新法例、加强监测、提高政府及企业能力、更新灾害管理及应变计划、调研政府及社会各界对气候变化问题的了解并提升其应对能力。

第八部分
澳门特别行政区应对
气候变化基本信息

澳门是中国特别行政区，是一个气候温和、资源短缺、人口密度大、博彩业高度发达和充满活力的城市，也是世界闻名的旅游和休闲胜地。

第一章　基本区情

一、自然条件与资源

澳门特别行政区（以下简称澳门）位于华南沿岸珠江三角洲的珠江口西侧，北接广东省珠海市，东望珠江口东侧的香港，南临南海，西与珠海市的湾仔和大小横琴岛隔水相望。三面环海的澳门主要由澳门半岛、氹仔岛、路环岛和路氹填海区四部分组成。

澳门属亚热带海洋性气候，且季风显著。澳门气候温和，1981—2010 年的气候资料显示，澳门年平均气温为 22.6℃，1 月最冷，月平均气温约为 15.1℃；7 月最热，月平均气温约为 28.6℃。澳门年平均降水量约为 2 058.1 毫米，降水的季节性差异显著，4—9 月是澳门的雨季，降水量占全年的 84% 以上，其间出现的极端强降水事件，日降水量可高达 300 毫米以上。影响澳门的极端天气及气候事件包括热带气旋和所伴随的风暴潮、强烈季风、暴雨以及雷暴等。每年有 5～6 个热带气旋影响澳门，其中 1～2 个会导致澳门半岛风力达到 8 级或以上。

澳门土地资源极为有限，历年来一直通过填海造地来增加土地面积。2016 年陆地面积达 30.5 千米^2，较 2014 年增加了约 0.7%。2009 年获中央政府核准新城填海计划，填海造地共计 361.65 公顷用于建设新城区。此外，澳门大学横琴校区自 2013 年 7 月 20 日起正式交由澳门管理，校区陆地面积约为 1.4 千米^2。

澳门本地蓄水设施不足，超 96% 的饮用水水源是由广东省珠海市输入澳门。2016 年澳门用水量达 8 670 万米^3，其中工商业用水占 51%，家庭水占 43%，其余 6% 则用于政府部门和其他设施等。

二、人口与社会

澳门是世界上少有的人口高密度地区。2016 年，澳门总人口为 64.5 万人，较 2014 年增加了 1.4%，平均人口密度为每平方千米约 2.1 万人。澳门劳动人口有 39.7 万人，其中就业人员为 39.0 万人。第一产业就业人口数仅占就业人口总量的 0.1%，第二产业就业人口数占 13.7%，第三产业就业人口数占 86.2%。

根据教育暨青年局 2016—2017 学年教育数据统计，正规教育学校有 74 所，学生人数为 7.44 万人。高等教育机构有 10 所，学生人数约有 3.3 万人，其中本地生占 54.7%，外地生占 45.3%。

2016 年，澳门共有医生 1 726 人，护士 2 342 人，医院床位 1 591 张。澳门 2016 年在医疗卫生上的开支约为 70 亿澳门元，占政府总开支的 10.3%，相当于地区生产总值的 1.9%。

三、经济发展

近年来澳门经济发展迅速，2016 年地区生产总值（支出法以当年价格计算，下同）约为 3 623 亿澳门元，人均地区生产总值为 56.1 万澳门元，近 10 年来澳门地区生产总值持续增长，年均增速约为 5.5%。澳门地区生产总值（生产法）中第一产业几乎为零，第二产业和第三产业比例分别为 6.6% 和 93.2%，其中博彩业是澳门主要经济支柱，占地区生产总值的 47.2%；不动产业、银行业、批发和零售业以及建筑业也是比较重要的行业，分别占 10.6%、5.5%、5.3% 和 5.3%。旅游业对澳门经济发展也有重要作用，2016 年访澳旅客人数约为 3 095 万人次，主要客源来自内地，占总访澳旅客的 66.1%。

2016 年，澳门能源消费总量为 81.9 万吨标准煤，其中轻柴油占 31.2%，重油、煤油、汽油、石油气和天然气占能源消费总量的比例分别为 25.7%、19.5%、13.7%、8.3% 和 1.6%。从行业分类来看，能源加工转化占 26.1%，道路交通占 23.5%，航空运输占 19.1%，水上运输占 12.7%，商业、饮食业和酒店占 9.7%，工业和建筑业占 5.8%，居民生活占 2.8%，其他占 0.3%。

　　澳门电力主要是从广东省输入，并以天然气和重油在本地发电作为补充。自 2007 年起，澳门持续增加电力输入，逐渐减少本地发电量，2016 年澳门总输入电量为 43.1 亿千瓦·时，本地发电量仅为 9.9 亿千瓦·时。

　　澳门的运输系统包括陆路、水路和航空三种运输方式。2016 年澳门道路行车线总长度为 427 千米，行驶车辆总数约为 25 万辆，客运船班次约为 14 万次，按目的地和出发地统计的澳门国际机场商业航班数目总数均为 2.7 万班。

　　表 8-1 为 2016 年澳门的基本情况。

表 8-1　2016 年澳门的基本情况

指标	数值
人口/万人，年终人口数	64.5
面积/km²	30.5
地区生产总值/支出法以亿美元计，1 美元=7.994 8 澳门元	453.1
人均地区生产总值/支出法以美元计	70 160
工业增加值占地区生产总值比重（生产法）/% [1]	6.6
服务业增加值占地区生产总值比重（生产法）/%	93.2
农业增加值占地区生产总值比重（生产法）/%	0
农用地面积/km²	0
城市人口占总人口的百分比/%	100
牛/头	5
马/匹	446
猪/头	3
羊/只	8
有林地面积/km² [2]	5.34
贫困人口/万人 [3]	1.6
预期寿命/岁	80.2（男）；86.4（女）
识字率/% [4]	96.5

注：1. 此处的工业行业包括第二产业中的采矿业、制造业、水电及气体生产供应业、建筑业。

　　2. 数据是根据 2017 年完成的澳门绿地普查结果。

　　3. 此数据代表低收入的就业人口（平均月收入少于 4 000 澳门元）。

　　4. 数据是根据澳门 2016 年中期人口统计结果显示 15 岁以上人口的识字率。

四、应对气候变化相关的机构安排

澳门特别行政区政府（以下简称特区政府）一直高度重视气候变化问题，为有效管理和统筹应对气候变化工作，澳门已于 2015 年成立应对气候变化跨部门专责小组（以下简称气候变化小组），负责协调与《公约》履约相关的工作，包括制定"可测量、可报告、可核实"的减排行动，把减缓和适应气候变化工作推广至私营机构和广大民众，动员全民参与应对气候变化工作。

气候变化小组由运输工务司司长牵头政府各相关部门开展应对气候变化的相关工作，主要部门包括市政署（原民政总署）、经济局、统计暨普查局、卫生局、教育暨青年局、旅游局、海事及水务局、房屋局、环境保护局、民航局、交通事务局、能源业发展办公室、运输基建办公室和地球物理暨气象局共 14 个部门，其中，地球物理暨气象局负责统筹和编写国家信息通报及两年更新报告中澳门应对气候变化的基本信息。

第二章　2010 年澳门温室气体清单

2010 年，澳门温室气体清单编制主要根据《1996 年 IPCC 清单指南》和《IPCC 优良做法指南》提供的方法进行编制，个别计算参数及排放因子的缺省值参考了《2006 年 IPCC 清单指南》。根据澳门实际情况及相关数据的可获得性，2010 年，澳门温室气体清单报告范围主要包括能源活动和城市废弃物处理的温室气体排放，估算的温室气体种类包括二氧化碳、甲烷、氧化亚氮。

一、温室气体清单综述

由于澳门所处的地域特点，其行政区划内仅有能源活动和废弃物处理两个领域的排放。2010 年澳门温室气体排放总量为 119.3 万吨二氧化碳当量（表 8-2、表 8-3），其中能源活动排放占总排放量的 98.3%，废弃物处理排放占总排放量的 1.7%（图 8-1）。2010 年澳门温室气体排放总量中二氧化碳约为 115.9 万吨，约占排放总量的 97.2%；甲烷约为 0.4 万吨二氧化碳当量，约占排放总量的 0.3%；氧化亚氮约为 3.0 万吨二氧化碳当量，约占排放总量的 2.5%（图 8-2）。

表 8-2　2010 年澳门温室气体总量　　　　　单位：万 t 二氧化碳当量

	二氧化碳	甲烷	氧化亚氮	氢氟碳化物	全氟化碳	六氟化硫	合计
总量（不包括 LUCF）	115.9	0.4	3.0	NE	NO	NO	119.3
1. 能源活动	115.6	0.4	1.3				117.3
2. 工业生产过程	NO	NO	NO	NE	NO	NO	NE/NO
3. 农业活动		NO	NO				NO
4. 土地利用变化和林业	NE	NO	NE				NE/NO
5. 废弃物处理	0.3	0.0	1.7				2.0

	二氧化碳	甲烷	氧化亚氮	氢氟碳化物	全氟化碳	六氟化硫	合计
总量（包括 LUCF）	115.9	0.4	3.0	NE	NO	NO	119.3

注：1. 由于四舍五入的原因，表中各分项之和与总计可能有微小的出入。

2. NO（未发生）指在境内没有发生的温室气体源排放和汇清除；NE（未估算）指对现有源排放量和汇清除量没有估计。

表 8-3　2010 年澳门二氧化碳、甲烷和氧化亚氮排放量　　　　单位：10^2 t

温室气体排放源与吸收汇的种类	CO_2	CH_4	N_2O
总量（不包括 LUCF）	11 593.4	1.7	0.9
1. 能源活动	11 561.6	1.7	0.4
—燃料燃烧	11 561.6	1.7	0.4
◆能源工业	6 103.4	0.3	0.0
◆制造业和建筑业	725.8	0.0	0.0
◆交通运输	2 830.5	1.1	0.3
◆其他部门	1 902.0	0.3	0.0
—逃逸排放		NE	
2. 工业生产过程	NO	NO	NO
3. 农业活动		NO	NO
4. 土地利用变化和林业	NE	NO	NE
5. 废弃物处理	31.8	0.0	0.5
—固体废物处理	31.8	NO	0.0
—废水处理		0.0	0.5
信息项			
—特殊地区航空	2 609.7	0.0	0.1
—特殊地区航海	1 849.3	0.0	0.0
—国际航空	1 832.0	0.0	0.1
—国际航海	NO	NO	NO
—生物质燃烧	557.4		

注：1. 由于四舍五入的原因，表中各分项之和与总计可能有微小的出入。

2. NO（未发生）指在境内没有发生的温室气体源排放和汇清除；NE（未估算）指对现有源排放量和汇清除量没有估计。

3. 工业生产过程未能收集计算氢氟碳化合物、全氟碳化合物和六氟化硫等相关活动数据，这部分在总计中以未估算表示。

4. 燃料的逃逸排放、土地利用变化和林业因统计体系仍在建设中，故未能估算相关排放量。

5. 信息项不计入排放总量，其中的生物质燃烧 CO_2 排放只包括生物成因的废弃物燃烧活动。

6. 特殊地区航海和特殊地区航空，指澳门（包括香港）往返内地、台湾往返祖国大陆的航运。

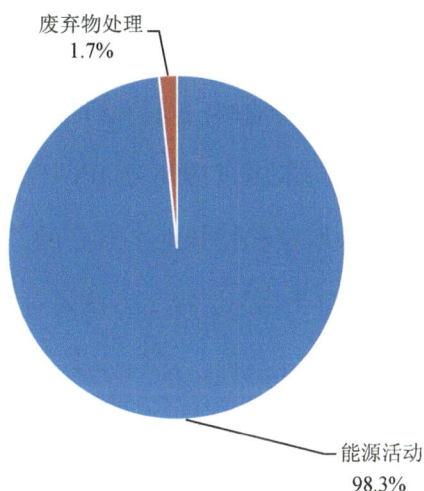

废弃物处理
1.7%

能源活动
98.3%

图 8-1　2010 年澳门温室气体排放部门构成

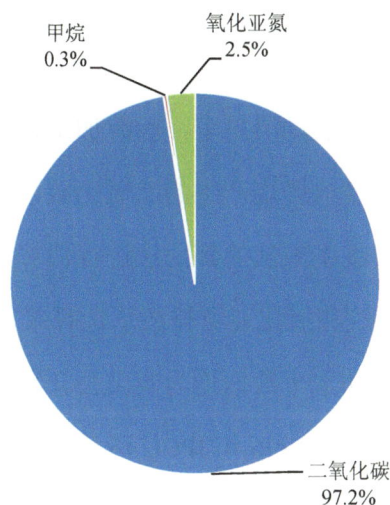

甲烷　　　　氧化亚氮
0.3%　　　　2.5%

二氧化碳
97.2%

图 8-2　2010 年澳门温室气体排放种类构成

2010 年，澳门国际航空及特殊地区航空的温室气体排放量约为 44.9 万吨二氧化碳当量，特殊地区航海排放量约为 18.5 万吨二氧化碳当量，均作为信息项单列。另外，城市废弃物中的生物质燃烧所产生的二氧化碳约为 5.6 万吨，也列于信息项中。以上活动的温室气体排放量合计约为 69.0 万吨二氧化碳当量，均未列入澳门温室气体排放总量。

二、能源活动

（一）清单报告范围

能源活动温室气体清单编制和报告的范围主要包括能源工业、制造业和建筑业、道路交通的化石燃料燃烧，以及其他部门的二氧化碳、甲烷和氧化亚氮排放。考虑到澳门城市废弃物主要采取焚烧形式处理，焚烧过程中产生的热量会被回收进行发电并输送至澳门电网，故将化石成因废弃物（布料及塑料等）焚烧发电的温室气体排放纳入能源活动计算，而城市废弃物中生物质焚烧产生的二氧化碳排放不计入排放总量，只在信息项中记录。

（二）清单编制方法

能源活动清单中，能源加工转换、制造业和建筑业、其他部门及特殊地区水上运输化石燃料燃烧产生的二氧化碳、甲烷和氧化亚氮排放均采用《1996 年 IPCC 清单指南》层级 1 方法的部门法进行估算，而道路交通、国际航空和特殊地区航空的二氧化碳、甲烷和氧化亚氮排放均选择采用《1996 年 IPCC 清单指南》层级 2 方法进行估算。

活动水平数据均为澳门公开发布的统计数据和相关行业数据，部门分类和燃料品种分类与《1996 年 IPCC 清单指南》的分类方式基本相同。

排放因子主要参考《1996 年 IPCC 清单指南》，该指南中没有的排放因子则采用《2006 年 IPCC 清单指南》中提供的缺省值。

（三）温室气体排放

2010 年，澳门能源活动的温室气体排放量约为 117.3 万吨二氧化碳当量，占澳门排放总量的 98.3%，其中二氧化碳、甲烷和氧化亚氮排放量分别约为 115.6 万吨、0.4 万吨二氧化碳当量和 1.3 万吨二氧化碳当量。能源活动的二氧化碳排放量占澳门二氧化碳排放总量的 99.7%。

2010 年，澳门能源活动的排放中，能源加工转换排放量约为 61.2 万吨二氧化碳当量，占 52.2%；道路交通排放量约为 29.6 万吨二氧化碳当量，占 25.2%；其他部门（包括商业、饮食业、酒店和住宅）排放量约为 19.2 万吨二氧化碳当量，占 16.4%；制造业和建筑业的排放量约为 7.3 万吨二氧化碳当量，占 6.2%。

三、废弃物处理

（一）清单报告范围

废弃物处理温室气体清单编制和报告的范围包括城市生活污水处理的甲烷和氧化亚氮排放，固体废物处理造成的二氧化碳和氧化亚氮排放。由于澳门城市生活污水处理采用的都是好氧生物法处理，故本次清单中仅报告工业污水处理的甲烷排放。

（二）清单编制方法

澳门废弃物处理过程的温室气体排放采用了《1996 年 IPCC 清单指南》提供的方法。

废水处理过程的氧化亚氮排放活动水平数据为澳门统计暨普查局提供的人口数量和联合国粮食及农业组织提供的2010 年度关于澳门人均全年蛋白质消耗量，排放因子为 IPCC 缺省值；固体废物处理产生的二氧化碳和氧化亚氮排放直接采用统计暨普查局和环境保护局提供的活动水平数据和 IPCC 推荐的排放因子缺省值。

（三）温室气体排放

2010 年，澳门废弃物处理产生的温室气体排放量约为 2.0 万吨二氧化碳当量，占澳门排放总量的 1.7%，其中废水处理和固体废物处理排放量分别为 1.6 万吨二氧化碳当量和 0.4 万吨二氧化碳当量，分别占废弃物处理排放量的 80.0%和 20.0%。

四、质量保证和质量控制

（一）减少不确定性的努力

为了降低温室气体清单估算结果的不确定性，在清单编制方法方面，澳门清单编制机构采用了《1996 年 IPCC 清单指南》和《IPCC 优良做法指南》，并参考《2006 年 IPCC 清单指南》的方法，保证清单编制方法学的科学性、可比性和一致性。在条件允许的情况下，根据所能获得的部门活动水平数据，尽可能地选用高级方法，例如道路交通、国际航空和特殊地区航空均采用较为详细的层级 2 方法进行估算。在活动水平数据方面，为保证数据的权威性，尽可能采用经特区政府部门核实过的官方数据，包括来自澳门统计暨普查局、民航局、环境保护局和交通事务局等的政府部门数据。在清单编制过程中，邀请国家温室气体清单编制团队作为第三方独立专家对清单进行评审。

（二）不确定性分析

尽管澳门清单编制机构在准备 2010 年澳门温室气体清单过程中，在报告范围、清单方法、清单质量等方面做了大量准备工作，但是澳门温室气体清单仍存在一定的不确定性。

澳门清单编制机构采用《IPCC 优良做法指南》提供的不确定性计算方法 1，以及参考《1996 年 IPCC 清单指南》和《2006 年 IPCC 清单指南》的排放因子不确定性。2010 年澳门温室气体总不确定性约为 3.4%，其中能源活动和废弃物处理领域的不确定性分别为 3.4%和 17.8%（表 8-4）。

表 8-4　2010 年澳门温室气体清单不确定性分析结果

	排放量/万 t 二氧化碳当量	不确定性/%
能源活动	117.3	3.4
废弃物处理	2.0	17.8
总不确定性	—	3.4

五、历年澳门温室气体信息

在第二次国家信息通报中已经报告了 2005 年澳门温室气体清单，温室气体排放量为 180.3 万吨二氧化碳当量。2010 年，澳门的温室气体排放总量较 2005 年约减少 61.0 万吨二氧化碳当量，下降了 33.8%，其主要原因是外购电力增加降低了本地区能源活动的排放。

2010 年澳门温室气体清单的编制方法、温室气体种类与 2005 年相同。不同之处是在信息项中增加了城市废弃物中生物质燃烧的二氧化碳排放计算。

六、澳门温室气体排放变化趋势

（一）分析方法与情景假设

为了分析澳门能源活动二氧化碳排放的未来变化趋势，本报告采用情景分析方法，共设计了基准情景、政策情景和强化低碳情景等三种情景，三种情景均假设了未来经济发展速度保持在年增速 5.67% 左右，三种情景的计算均包含外购电力的排放。

基准情景是根据澳门回归以后的能源结构变化趋势和社会经济发展趋势，在不做更多变化的前提下，按照现有趋势对澳门未来能源需求进行的分析。

政策情景在基准情景的基础上，加入了近期已有的相关规划，如 2010 年的公交优先政策增加了天然气巴士的比例，2018 年 10 月开通的港珠澳大桥计划 2019 年完工的轻轨，以及现在还没有相关规划但在近期较容易实现的政策措施，如鼓励家庭和大型公共建筑物更换节能照明装置等。

强化低碳情景则是在政策情景的基础上，对一些已有的节能政策进行了强化，加大了节能的力度和推进的速度，并添加了一些目前还没有的相关政策措施，如大幅推广电动汽车使用、大规模更换大型酒店照明系统和空调制冷系统等。

（二）模拟结果分析

在基准情景下，澳门包含外购电力的一次能源需求量从 2010 年的 150 万吨标准煤增长至 2030 年的 380 万吨标准煤，单位地区生产总值的能源消耗比 2010 年下降 33%。在政策情景下，2030 年一次能源需求量下降到 308 万吨标准煤，单位地区生产总值的能源消耗比 2010 年下降 46%。在强化低碳情景下，2030 年澳门一次能源需求量进一步控制在 241 万吨标准煤，单位地区生产总值的能源消耗比 2010 年下降 63%。

在基准情景和政策情景下，澳门能源活动包含外购电力产生的二氧化碳排放量将于 2029 年达到峰值，在强化低碳情景下，二氧化碳排放量将于 2019 年达到峰值。2030年，基准情景下澳门能源活动产生的二氧化碳排放量将达到 646 万吨，政策情景下将下降到 526 万吨，而强化低碳情景下将进一步下降到 377 万吨，政策情景与强化低碳情景分别比基准情景下降 19% 和 42%，而外购电力在三种情景下分别占二氧化碳排放总量的 73%、70% 和 58%。2030 年，基准情景、政策情景与强化低碳情景下单位地区生产总值二氧化碳排放将分别比 2010 年下降 51%、60% 和 71%。

第三章　气候变化的影响与适应

特区政府组织了有关部门和相关研究单位开展气候变化对水资源、陆地生态系统等影响的监测和评估，为制定减缓和适应气候变化的政策做准备。另外，利用澳门历史气候观测数据与全球气候模式模拟资料，对澳门气候变化进行了评估与预测的研究。

一、评估方法与模型

澳门有关气候变化影响的评估，主要是利用澳门 1901—2016 年较为完整的气候观测资料，进行了气候变化的时间序列分析；并利用 IPCC 第五次评估报告（AR5）中所用到的温室气体排放情景和全球气候模式模拟资料，利用多模式集合评估方法对未来澳门的气候变化进行了预测。

二、澳门气候变化分析与预测

（一）气候变化特征

根据 1901—2016 年日平均气温和降水资料分析，澳门的气候变化特征如下：

澳门过去 116 年气温变化情况与全球平均气温变化基本一致。100 年的线性变暖趋势为 0.76℃，且 20 世纪 70 年代以后变暖速率有加大趋势。在 116 年的 10 个最暖年份中，有 5 个最暖年份出现在 21 世纪。澳门不同季节气温均呈上升趋势，其中以春季升幅最大，约为 0.095℃/10 年，其次分别是冬季（约 0.081℃/10 年）和秋季（约 0.077℃/10 年），夏季升幅则最小，约为 0.055℃/10 年。澳门日最高气温和日最低气温同样呈明显上升趋势，且前者有明显的年际变化。

　　澳门降水的年际变化明显。20 世纪整体呈增加趋势，每 10 年降水增加量约为 41.9
毫米，降水最多的是 20 世纪 70 年代，其中以夏季降水增幅最为显著，其余季节变化
并不明显。澳门地球物理暨气象局根据气候变化检测、监测和指数专家小组
（ETCCDMI）的定义，计算了各气候变化指数（表 8-5），整体变化情况亦反映了变暖
的趋势，同时降水强度和最大连续 5 日降水也有显著增加趋势。

表 8-5　澳门气候变化指数表（根据 1901—2016 年资料）

指数	概念	每 10 年变化
ID12	冷日	−0.076 d
CD12	冷夜	−1.20 d
SU33	酷热日	0.32 d
TR27	热夜	1.8 d
TXx	年最高温度	0.049℃
TNx	年最高的日最低温度	0.047℃
TXn	年最低的日最高温度	0.036℃
TNn	年最低温度	0.061℃
SDII	平均日降水强度	0.48 mm/d
Rx5day	最大连续 5 日降水	9.40 mm

　　澳门日最高气温 33℃以上的酷热日数年际变化明显，但酷热日数未见显著增加。
而与日最低气温有关的冷夜（最低气温在 12℃或以下）和热夜（最低气温在 27℃或
以上），则有较显著且持续的变化趋势，冷夜每 10 年约减少 1.2 天，热夜则每 10 年约
增加 1.8 天。此外大雨（大于 50 毫米/日）和暴雨（大于 100 毫米/日）的频率亦有所
增加，100 年的线性趋势分别为 3.3 日和 1.7 日。

（二）未来气候变化趋势

　　根据澳门过去的气候资料，以及采用 IPCC AR5 中不同温室气体排放情景和气候
模式模拟结果，评估了未来澳门气候变化的情况。

　　澳门平均气温将继续呈上升趋势。研究表明，在所有情景下，到 21 世纪中期

（2050—2059 年）气温将较 1956—2005 年的平均值升高 1.4～2.2℃；到 21 世纪末（2090—2099 年）气温将升高 1.4～3.9℃（表 8-6）；到 21 世纪末所有季节气温同样呈上升趋势（表 8-7）。

表 8-6　澳门未来气温变化的多模式评估（相对于 1956—2005 年）

温室气体排放情景	温度/℃	
	2050—2059 年	2090—2099 年
RCP2.6	1.4	1.4
RCP4.5	1.6	2.1
RCP6.0	1.3	2.5
RCP8.5	2.2	3.9

表 8-7　澳门未来不同季节气温变化情况（相对于 1956—2005 年）

温室气体排放情景	温度/℃（2090—2099 年）			
	春	夏	秋	冬
RCP2.6	1.3	1.3	1.4	1.5
RCP4.5	2.1	2.0	2.3	2.3
RCP6.0	2.2	2.4	2.6	2.7
RCP8.5	3.8	3.8	4.1	4.1

研究结果表明，澳门 21 世纪中期、末期雨季降水强度有增大的趋势，最高可达 14%。

三、澳门主要脆弱领域

（一）水资源

澳门 96%以上的供水来自珠江支流西江，其未来水资源的变化情况，主要取决于珠江流域的降水变化、上游水资源利用状况及南海海平面变化等情况。与 20 世纪 80 年代以前实测径流量相化，尽管近 30 年来南方河流径流量变化不大，但因澳门经济高速发展，1998—2017 年，用水增加至 1.6 倍多，加上南海海平面上升，近年冬季枯水期每逢遇上大潮，海水入侵珠江流域直接威胁包括澳门在内多个大城市的供水安全。

尽管预计 21 世纪中后期珠江流域径流量有可能增加 5%～10%，但仍难以满足珠三角地区高速城市化和人口增长对水资源需求的增加，加上华南地区降水未来有可能更集中于夏、秋两季，冬、春两季的降水将出现持续减少的情景，在全球变暖和海平面上升的大背景下，未来冬春枯水期咸潮出现的可能性增加。如何妥善贮存和运用夏秋大雨频发季节的降水将显得尤其重要。

（二）陆地生态系统

据观察发现，近几十年来澳门山林植被中的热带藤本植物生长速度加快，外来入侵植物增加，已经影响了林分结构和其他植物的正常生长。同时，山林发生病虫害个案亦呈上升趋势。初步评估认为可能与二氧化碳浓度和气温升高有关，但要区分是由于气候变化还是城市化人为因素造成的影响，仍然相当困难。

为进一步了解气候变化对澳门生态的影响，除建立特定的自然保护区外，特区政府联合国内科研单位，自 2011 年起持续进行动物基础调查和对气象条件敏感的动植物进行定期的监测研究，以建立更完善的资料为未来的气候变化评估做准备。

（三）海平面变化与海岸带生态系统

根据澳门 1925—2017 年潮测站的资料分析，澳门海平面平均以 1.6 毫米/年的速率上升，近 20 年上升速率更有所加大，约为 2.4 毫米/年。澳门是一个沿海城市，其中澳门半岛西岸地势最低，是受海平面升高影响最大的地区。每当有较强的热带气旋移近珠江口沿岸或登陆时，都会引发风暴潮，若适逢天文大潮，可造成严重的海水倒灌和大范围淹浸。过去 100 年间（1925—2017 年），澳门曾 14 次受风暴潮严重影响，其中 6 次出现在近 20 年内（1998—2017 年）。预计澳门未来因天文潮海水倒灌淹浸的程度和频率都会加剧，受强风暴潮影响的概率亦会增加。

四、已采取的适应措施

特区政府积极应对气候变化带来的影响，正组织各界力量研究适应对策，但有关研究仍处于初步阶段，还没有完善的战略。澳门近年所采取的一些适应气候变化的措施和行动，已发挥了一定的作用。

（一）水资源

为稳定澳门的水资源供应、减少咸潮，水资源适应对策主要在于加强水资源管理和建构节水型社会两方面。已采取的措施和行动包括：2008 年成立推动构建节水型社会工作小组，统筹和协调各项应对咸潮措施，推广节水知识，管理和规划水资源；2009 年拨款 8 亿元人民币支持广西大藤峡水利枢纽工程移民安置、水土保持和环境治理；2009 年委托研究单位完成《澳门总体节水规划研究报告》；2010 年制定《澳门节水规划大纲》，确立澳门往后 15 年的节水工作发展路线；以预付增幅水费方式，免息贷款 4.5 亿元人民币用于广东"竹银水源工程"，竹银水库于 2011 年建成，澳门获得四成约 1 600 万米³ 的总运作水量；2015 年完成澳门大水塘水厂工程，将澳门的日供水能力从 33 万米³ 增加到 39 万米³；2016 年动工兴建第四条珠海供澳原水管道，以提高供水系统效能；2018 年开始兴建路环石排湾净水厂。

（二）陆地生态系统

2001 年，特区政府在路氹填海区西部的湿地建立了首个生态保护区，总面积约为 55 公顷，保护动植物种类达 100 多种。此外，澳门也严格限制树木砍伐。

（三）海平面及海岸带

特区政府采取了多项措施以减少风暴潮和天文大潮导致的淹浸对经济发展和城市运行所造成的损失，主要包括：2018 年建筑物电力设施防浸标准制定工作已接近完成阶段，届时将规范新建的变压房、分线电箱及电表等电力设施设置在"防浸高程"

之上的位置，以提高城市基础设施的防洪标准；2017 年研究于湾仔水道兴建挡潮闸，减低风暴潮和天文大潮造成的低洼地区水浸；2018 年优化风暴潮警告制度，提高政府部门和市民做好预防和应变工作的能力。另外，已对红树林开展定期的监测和保护工作，分阶段收集澳门原生红树林植物的果实和胚轴，以备合适时机移植到适合地方，确保滩涂生态系统的物种多样性。

五、未来拟采取的适应措施

澳门需要扩大和加强各项与气候变化有关的持续监测和资料搜集工作，以建立完整的资料库，为未来有关报告、研究项目和政策制定提供充足可信的资料来源。同时，针对澳门的脆弱性领域，提出科学的适应气候变化战略，定期评估并适时做出调整和完善。强化现有的自然灾害预警和紧急应变机制，以应对因气候变化可能加剧的极端和恶劣天气事件及水资源短缺等问题；将应对气候变化的影响和适应对策纳入各经济社会发展规划，提高城市整体应对气候变化能力。

第四章　减缓气候变化相关政策与行动

特区政府一直高度重视减缓气候变化的工作，致力于采取优化能源结构、节约能源、提高能效，城市绿化、公交优先等政策措施，推动低碳经济社会建设，减缓气候变化。

一、控制温室气体排放的政策和目标

2010 年，在特区政府的施政报告中提出了"构建低碳澳门、共享绿色生活"的理念，确保澳门的可持续发展，积极支持和配合国家应对气候变化的政策和行动，开发低碳产品和技术，推动绿色低碳产业发展，促进向低排放、低消耗的经济模式转变。澳门在 2016 年制定的《澳门特别行政区五年发展规划（2016—2020 年）》中，确定积极配合国家绿色发展战略，大力推动绿色、低碳、减排的文明健康生活模式的行动纲领。澳门确立的控制温室气体目标为 2020 年单位地区生产总值温室气体排放在 2005 年基础上降低 40%～45%。

为系统地开展澳门环境保护工作，2010 年制定了《澳门环境保护规划（2010—2020)》。该规划围绕"可持续发展、低碳发展、全民参与、区域合作"四大核心理念，以改善人居环境、保障居民健康为目标，分为近期（2010—2012 年）、中期（2013—2015 年）及远期（2016—2020 年）三个阶段实施。为监督规划的实施，特区政府分别于 2014 年及 2016 年发表了《澳门环境保护规划（2010—2020）近期实施及成效评估》与《澳门环境保护规划（2010—2020）中期实施及成效评估》，对规划近期和中期进行效果评估，考核其中生态目标和行动计划的完成情况。

二、减缓行动

（一）能源工业

（1）逐步提高天然气发电比例。随着社会经济的发展和电力需求的增加，澳门从内地购入的电力呈逐年上升趋势。与此同时，为降低电力相关的排放，澳门引入了大量天然气以代替重油，并于2008年正式实现天然气发电。根据2017年第四季度的电力及天然气统计资料，澳门天然气发电比例由2008年的30.9%升至2017年的52.9%，发电相关的温室气体排放显著减少；为减缓气候变化，澳门还将进一步提高天然气发电比例。另外，特区政府于2012年启动了公共天然气管网的建设工程，逐步向居民提供天然气，以改善澳门能源消费的结构。2013年，路环接收减压站正式投入运作，向路环公共房屋及横琴岛澳门大学新校区供气。目前城市燃气管网的建设正在进行，截至2017年，路氹城区的主管网已完成96%铺设工程，为未来提供多元的清洁能源奠定了基础。

（2）推广光伏发电等可再生能源。特区政府一直致力于推广可再生能源的应用。为有效利用生活垃圾发电，分别于1992年和2008年先后建成了垃圾焚化中心旧厂房和新厂房，以及该焚化中心的发电系统。除可满足自身耗电外，每小时最多还可向公共电网输送21.7兆瓦·时电能。2010年，特区政府制定了《澳门太阳能热水应用实务指南》，推广太阳能热水技术的应用。能源业发展办公室在多个公共部门及社会房屋开展了太阳能热水系统和光伏系统试验工程，以明确其应用的可行性；2015年1月《太阳能光伏并网安全和安装规章》正式生效，特区政府向业界提供了技术规范，并制定了上网电价制度，鼓励投资者安装光伏系统。能源业发展办公室也与旅游学院开发了中央空调系统余热回收技术。

（二）交通运输

（1）实施陆路交通公交优先政策。特区政府于2010年推出了《澳门陆路整体交通运输政策（2010—2020）》，制定以"公交优先"为主体的交通政策，通过优化道路网、完善公交系统、发展以轻轨为主干的公交路网，提高公共交通运输能源效率，并配合新城填海区的开发，完善澳门交通网络的建设，从而合理控制车辆的增长与使用，减少交通拥堵带来的能源浪费和尾气污染。2017年，轻轨氹仔线全长9.3千米的高架桥以及11个车站已完成连接，并进入列车系统设备的安装阶段，已于2019年12月开通，初期峰值每小时单向运输人数为7 800人次，并逐步提升至2020年的1.41万人次。

（2）推动环保节能车辆使用。特区政府于2016年制定了澳门引入及推广环保车辆的短、中、长期规划。首批天然气巴士于2013年投入运作，截至2017年已有69台天然气巴士。截至2016年，累计引入465部欧四或欧五标准的环保巴士，较2015年增加50%。同时，在公共停车场安装充电车位，并于2015年修订环保车辆税务优惠的范围。为淘汰高污染车辆，特区政府于2017年推出《淘汰重型及轻型二冲程摩托车资助计划》，并成功淘汰逾5 000部重型及轻型二冲程摩托车。为更有效地控制车辆尾气排放，澳门从2017年落实执行《车用无铅汽油及轻柴油标准》《在用车辆尾气排放污染物的排放限值及测量方法》的行政法规及缩短强制性验车年期。

（3）参加"机场碳排放认可计划"。澳门国际机场自2014年起获得国际机场协会"机场碳排放认可计划"的"减少"级别认证后，于2015—2017年继续推行各项措施，包括逐步将照明系统更换为节能灯泡，替换机场车队的车辆为环保车辆，并计划调节空调温度及灯光开关时间。各项措施推行以来，已完成并超越了预期目标，即"至2018年每起降架次之碳排放量水平比2012年减少20%"。

（三）节能和提高能效

（1）公共部门及机构节能。特区政府于2007年以试行方式推行能源管理计划以建立能源资料库和制定节能目标，2011年正式全面实施能源管理机制，制订部门节能计划，监察和管理能源使用情况，以提升公共部门的能源效益，共有50多个部门及机构参与，其目标为参与部门的年度能耗减少5%。2015年开始实施公共部门及机构能源效益评估计划，制定了适合澳门情况的以部门人均耗电为指标的能耗限额标准，持续改善和优化能源管理工作。

（2）公共户外照明系统节能。2008 年制定了《澳门公共户外照明设计指引》，推动 LED 灯在公共户外照明的应用。2013 年及 2016 年，分别在石排湾公屋及新口岸皇朝区应用 LED 路灯；2016—2017 年，分别在各区安装超过 1 600 盏 LED 路灯。未来的港珠澳大桥人工岛澳门口岸管理区和新城填海区也将采用 LED 路灯，并逐步实行 LED 路灯更换计划，把澳门约 1.4 万盏高压钠路灯更换为 LED 灯。

（四）酒店和旅游业

推动酒店业减排。自 2007 年开始每年举办"澳门环保酒店奖"，以鼓励酒店及相关产业实现环保、低碳及清洁发展。自该奖励计划设立以来，持续优化及完善评审标准，参与的酒店数目不断增加，截至 2018 年，环保酒店数目由首届的 8 个增加至 51 个，涉及客房数目超过 2.7 万间，成功鼓励酒店采取各项措施，包括安装节能 LED 灯，优化通风及空调系统，减少运输车辆排放等，在减废节能方面取得了显著的成效。另外，已于 2018 年开展酒店和旅游业碳审计工作，推动酒店企业参与节能减排。

（五）城市绿化

（1）增加绿地面积。特区政府持续种植新树木、积极提高澳门的绿化面积比例，每年在公园、休息区及人行道进行植树工作；2015—2017 年，在氹仔海滨休息区沿岸种植红树苗逾万株，在路环进行林区改造植树逾 4 000 株。特区政府每年举行"澳门绿化周"，通过各种类型绿化宣传活动，带动全民参与澳门绿化建设工作，其中，"澳门绿化周大步行及植树活动"每年种植逾千株树苗。

（2）扩大绿化空间。为实现绿色城市目标，扩大绿化空间，特区政府自 2011 年起还将绿化深度扩展至公共垃圾房、行车天桥桥墩及候车站等顶部及立面；2015—2017 年，继续在广场、街道加设植物荫棚，并通过道路斜坡绿化、中间隔离带绿化，以及计划建设空中绿廊，以各种方式加强道路绿化、发展立体绿化、屋顶绿化，以增加澳门各区的立体绿化空间。

第五章　其他相关信息

澳门在加强气候系统观测和研究，加强开展气候变化教育、宣传和培训工作，鼓励公众参与，提高气候变化意识等方面也开展了一系列活动。

一、气候系统观测

澳门面积虽小，但设有相当密集的大气和海洋观测网络，其中包括14个自动气象监测站、1个气候观测站、1个大气辐射监测站、6个空气质量监测站、2个潮汐监测站和1个海浪监测站。另外，因风暴潮和天文潮海水倒灌问题，建有17个陆地自动水位监测站，监测澳门沿岸水位的变化和淹浸情况。

二、气候变化研究

澳门的气象观测历史悠久，资料系统而翔实，地球物理暨气象局通过整理这些资料，建立了1901—2000年的百年数据体系，为开展气候变化和相关研究奠定了坚实的基础，并获得了高水平研究成果。澳门除继续加强常规气象和海平面高度监测和分析研究外，还对资料相对较少、观测时间较短的生态监测进行了补充，对候鸟状况开展了监测、对各类植物进行了深入的基底调查等。

研究制定澳门应对气候变化相关行动方案。为此需要进行多项基础研究和专题调研，为政策制定提供支持。主要研究工作包括：整理1901年以来的气象资料；引进多种全球气候变化模型，通过降尺度分析评估气候变化对澳门的影响，特别是对水资源供应的影响；研究气候变化对台风及强降雨等极端天气事件的影响，评估灾害性天气的风险，特别是台风引起的风暴潮对澳门社会经济可能造成的损失。

三、教育、宣传与公众意识

　　特区政府十分注重应对气候变化的宣传和教育，提高公众意识，倡导共同保护全球气候环境。自 2008 年以来，特区政府每年举办"澳门国际环保合作发展论坛及展览"（MIECF），得到社会各界的欢迎和肯定。在向市民开展气候变化的宣传和教育过程中，尤其重视培养小学生良好的观念和行为。在正规教育方面，特区政府于 1995—1996 学年起正式把认识大自然及环保教育纳入自然科学教育内容，并分别于 2014 年和 2015 年通过立法方式规定各学校在各教育阶段开设相关科目，规范及引领学校将环保教育内容渗透其中，让学生从幼儿阶段起逐步认识环保教育的内涵和影响。

　　澳门有关部门和团体除通过电视、网络、报纸等多种媒体宣传节能减排和绿色低碳生活理念外，还通过追踪和报道《巴黎协定》相关的国际谈判，来增进市民应对气候变化的意识。编写出版多种气候变化相关的宣传材料，如《气候变化齐关注，减排节能我做起》《齐来应对气候变化》《节能校园通讯》等宣传小册子。港澳还共同出版了《识"碳"家族》漫画等。

　　特区政府还将参与度较高的公众宣传教育活动作为提倡和推动的工作之一。积极支持开展"世界地球日""世界环境日""世界无车日"和"世界气象日""齐熄灯，一小时""节能周""能源效益教育推广活动""校园节能文化活动""绿色企业伙伴计划"等系列活动；2007 年举办的"《京都议定书》适澳嘉年华"、2008 年举办的"气候变化征文比赛"、2009 年举办的主题为"我们的气候"的摄影比赛、2010 年举办的主题为"团结！齐抗气候变化"的学生绘画比赛、2012 年举办的主题为"便服夏齐节能"的时装设计比赛、2015 年起举办的"5%节能行动"抽奖活动、2016 年举办的"气候变化暨《巴黎协定》生效日"讲座，从多方面提供了气候变化的信息。

　　另外，特区政府亦致力于向公众灌输珍惜水资源的信息。为培养学生的节水观念，相关部门推出了"校园节水推广计划"。同时，亦编制了《2010—2013 水资源状况报告》及《2014—2016 澳门水资源与供水》《认识节水器具和用水效益卷标》等刊物，让公众增进水资源及节水方面知识。针对酒店和商户，亦推出了"酒店节水计划"及

"商厦节水计划"等，务求唤起大众重视水资源短缺的问题。

四、技术和能力建设需求

澳门重视气候变化领域的技术和能力建设。设立了"环保与节能基金"，用于资助中、小型企业和社会团体等组织及机构，以提升其对环保节能的参与度，拓展环保节能产业的发展空间，推动环保节能的多元发展。同时在政府各部门预算中，对研究和落实应对气候变化相关工作做出了相应的资金安排。虽然澳门在应对气候变化工作上已采取了一系列政策措施与行动，但在多个领域中仍受到技术能力不足的制约。

在减缓气候变化方面，澳门正积极提高能源效率和再生资源的利用，因此需要的主要技术包括高效的照明系统、建筑节能技术、高效太阳能利用技术、垃圾回收利用和循环再造技术等。

在适应气候变化方面，澳门急需加强对海岸带的防护，因此需要的主要技术包括再生水的利用技术、海平面上升预测评估技术、高效防洪技术、生态系统恢复和重建技术以及气候变化造成的灾害性天气评估方法和手段等。

在能力建设方面，需要建立一套"能源—经济—环境—人口"耦合的非线性动态模型，用于评估澳门未来对能源的需求；提升政府机构的执行能力，进行教育和宣传来提高对气候变化的认知，从而加速低碳社会经济的建设。

澳门希望通过开展广泛合作，提高技术和能力建设水平，共同应对气候变化。